Ⅲ\ 见识城邦

更 新 知 识 地 图 拓 展 认 知 边 界

Meredith Broussard

ARTIFICIAL UNINTELLIGENCE

How Computers Misunderstand the World

人工不智能

计算机如何误解世界

［美］梅瑞狄斯·布鲁萨德

陈少芸 译

中信出版集团｜北京

图书在版编目（CIP）数据

人工不智能：计算机如何误解世界 / (美) 梅瑞狄
斯·布鲁萨德著；陈少芸译. -- 北京：中信出版社，
2021.5

书名原文：Artificial Unintelligence：How
Computers Misunderstand the World

ISBN 978-7-5217-2495-0

Ⅰ.①人… Ⅱ.①梅…②陈… Ⅲ.①人工智能—应
用—研究 Ⅳ.①TP18

中国版本图书馆CIP数据核字(2020)第231125号

Artificial Unintelligence: How Computers Misunderstand the World
by Meredith Broussard
Copyright ©2018 Meredith Broussard
Simplified Chinese edition copyright © 2021 by CITIC Press Corporation
ALL RIGHTS RESERVED
本书仅限中国大陆地区发行销售

人工不智能 ——计算机如何误解世界

著　　者：[美]梅瑞狄斯·布鲁萨德
译　　者：陈少芸
出版发行：中信出版集团股份有限公司
　　　　　（北京市朝阳区惠新东街甲4号富盛大厦2座　邮编　100029）
承 印 者：北京楠萍印刷有限公司

开　　本：787mm×1092mm　1/16　　印　张：17.75　　字　数：218千字
版　　次：2021年5月第1版　　　　印　次：2021年5月第1次印刷
京权图字：01-2020-0344
书　　号：ISBN 978-7-5217-2495-0
定　　价：78.00元

致我的家人

计算机没有改变社会

文 / 万维钢

选自得到 App《精英日课》专栏

这次，我们要说一说《人工不智能：计算机如何误解世界》一书，作者是人工智能专家、数据记者和纽约大学助理教授梅瑞狄斯·布鲁萨德。

你已经听过太多有关"人工智能"的话题了，比如"人工智能将会改变世界""人工智能将让大多数人失业""人工智能的时代已经到来"等等。有些好消息说得太多，就容易让人产生不切实际的希望。不切实际的希望太强，就容易变成迷思。

事实上，我们的专栏从去年就开始说，《未来简史》中担心的那种未来离我们还非常遥远，现在所谓的人工智能还没有那么厉害，人类已经反应过来了，可以预见的近期内不会有什么人工智能所导致的大失业。

我们有过一篇文章叫《我们对人工智能可能有点想多了》，其中提到，现在是美国历史上失业率最低的时期。很多原本以为会被人工智能取代的工作，其实根本取代不了。我还给一本叫《不会被机器替代的人：智能时代的生存策略》的书写过序言，我说我们可能低估了人的智能。

我们这次要说的这本书，则是想让你进一步冷静一下。一般公众不但低估了人的智能，而且高估了人工智能。电视剧《西部世界》里面那样的机器人，跟现在高科技公司正在研发的那种人工智能，完全是两码事。我们在《生命3.0》那本书里看到的关于未来人工智能的种种设想，也都只是物理学家纯理论的设想。现在真实的人工智能其实应该叫"人工不智能"。AlphaGo（阿尔法围棋）下赢了围棋这种事情，其实没什么大不了的。

这也就罢了，更严重的是，人们过分依赖计算机算法，这反而带来了一系列社会问题。

我们需要正确认识人工智能。这本书的作者梅瑞狄斯·布鲁萨德毕业于哈佛大学计算机系，拥有计算机和数学的学位，自己开发过好几个人工智能系统，在麻省理工学院（MIT）媒体实验室工作过……而且她是一位女性。90年代初，布鲁萨德从哈佛大学计算机系毕业的时候，传说只有六个女生拿到了计算机的学位——而她只见过包括自己在内的三个，另外三个只是"传说"。

布鲁萨德现在是纽约大学助理教授，同时还是一位记者。她是一种非常新型的记者，叫"数据记者"。数据记者的工作不是整天采访什么"大数据科学家"，而是自己直接从数据中挖掘故事。布鲁萨德所做的事情，是自己编写一个人工智能专家系统，让这个系统替她从各种数据库中发现规律，她从中获得洞见，写成报道。

布鲁萨德是一个"用数据发现真相"的人。

比如，最近微博上有很多人反映说，提供旅行预订服务的 App"携程"会故意给自己的用户更高的报价，推荐很差的旅馆，以此不当牟利。一个普通记者听说这件事，会采访携程的几位用户，然后采访携程公司，用几个醒目的故事完成一篇报道。而一位数据记者，则会用科学的方法测试和搜集携程的一系列使用数据，用技术手段分析携程的推荐和定价算法，找到一般规律，再把分析结果用可视化的数据呈献给读者。通常，这样的工作需要一个团队合作完成。

数据记者需要很强的技术水平和研究能力。考虑到"大数据分析"现在是个特别值钱的能力，而记者的工资又不高，我敢说中国很可能还没有真正的数据记者。但是，社会需要数据记者。

以前那种听说一个个案，写篇煽情报道，呼吁社会关注的新闻形式，很快就要过时了。如果获悉某个医生对病人进行性骚扰，你要做的不仅仅是报道这个医生和这家医院，你更应该深入调查全国所有的医院，设法搞到所有有关性骚扰投诉的数据，分析这些数据，写成一份全面的报告，这样才能让整个社会重视这件事，促进社会进步。

记者这个职业的本质，就是要推动社会进步。为此，记者的工作方式是让那些"有决定权"的人对自己的决定负责任。

布鲁萨德这位数据记者，最关心的是让那些已经在取代人类做决定的"算法"负责任。她发现，人们过于相信算法。算法都是人写的，人会犯错，算法就会犯错。

布鲁萨德说她写这本书是为了给读者"赋能"。我们希望读者通过这本书了解现行的人工智能、机器学习和大数据都是怎么回事，了解计算机的本质是什么，从此对计算机和人工智能这些大词儿没有畏惧心理。

现在的人非常爱说什么"计算机改变了世界"，特别"乔布斯"，动不动就"这个产品再一次改变了世界……"

布鲁萨德将会告诉你，其实计算机没有改变什么。社会还是这个社会，计算机并没有解决我们的社会问题。

目　录

第一部分

计算机的工作原理

第 1 章

你好，读者们

　　我爱技术。当我还是个小女孩时，我的父母给我买了一套金属模型玩具，我用穿孔的小金属片搭建了一个（对我而言）巨大的机器人。这个机器人原本应该由微型电池供电的电动机驱动。当时的我是一个富有想象力的孩子，我说服自己，一旦搭建好这个机器人，它就会像我一样轻松地在房子里走动，这样的话，我就会有一个新的机器人朋友。我会教机器人跳舞，而它会跟着我在房子里转。而且跟我的宠物狗不同的是，它还会玩捡东西的游戏。

　　我花了好几个小时，待在家中二楼走廊的红色羊毛地毯上，一边做白日梦，一边组装机器人。我用玩具套装里小小的儿童扳手拧紧了几十个螺母和螺栓。当我准备插入电动机时，最激动人心的时刻到来了。我和妈妈专程去商店购买了与电动机适配的电池。回到家，我迫不及待地跑上楼去，将裸线连接到齿轮上，接着打开机器人。我感觉自己就像莱特兄弟一样，造出了划时代的机器，满怀着它即将改变世界的无限憧憬。

　　没有任何动静。

　　我检查了线路，按了几次开关。我重新安上电池，依然没有动静。机器人没有运行，我不得不去求助妈妈。

"妈妈，我需要您上楼。我的机器人没法正常运行。"我悲伤地说。"你试过重新打开开关吗？"妈妈问。"我试过了。"我说。

"你试过重新安一下电池吗？"她问。"试过了。"我沮丧地说。

她说："我来看看。"我握住她的手，把她拉到楼上。她摆弄了一下机器人，整理了电线，又打开和关闭几次开关。最后，她无奈地说："这也没用。"

"为什么不能动？"我问。她本可以直接告诉我电动机坏了，但妈妈希望能给我一个"完整的解释"。她告诉我，电动机损坏了，紧接着向我解释了全球供应链和装配线，并提醒我，我也见过工厂的运作方式——因为我喜欢看《芝麻街》这个电视节目，里面有巨大的工业机器打包蜡笔。

妈妈解释说："制造东西的过程中随时可能出现纰漏。""肯定是他们制造这台电动机时出了点问题，没检测出来，最终封装在了玩具套件中。现在，我们亡羊补牢，要让它运转起来。"我和妈妈按照说明书上的提示拨打了售后电话，玩具公司的好心人给我们寄了一个新电动机。大约一周之后，新的电动机到了，我插上电源，机器人终于运行了。不过，虽然机器人运行正常，但和我预想的相差太远。它只能在木地板上缓慢移动，在地毯上会卡住。这样的机器人没办法成为我的新朋友。几天后，我把机器人拆了，制作了套件中的另一个玩具——摩天轮。

在搭建这个机器人的过程中，我学到了不少东西。我学会了如何使用工具来搭建某个事物，而且搭建过程可能很有趣。我发现我的想象力非常强大，但是技术上的限制导致我的想象往往无法达成。我还学会了如何拆解零件。

几年后，当我开始编写计算机程序时，我发现从搭建机器人中收获的这些经验，可以很好地运用在计算机代码领域。我能设想极其复杂的计算机程序，但计算机实际可以实现的往往令人失望。我遇到了很多意外状况：程序无法运行，只是因为计算机内部的某个部分发生了故障。我坚持不懈，仍然热衷于构建和利用技术。我有大量的社交媒体账号。我曾经改造过一个炖锅，制作了一个能够加热 25 磅*巧克力的装置，作为烹饪项目的一部分。我甚至设计了一个计算机系统来自动给我的花园浇水。

不过，最近一段时间，我对技术将拯救世界这一说法持怀疑态度。长大以后，我时不时听到别人谈论技术的美好前景，说技术可以如何改变世界，让世界更美好云云。1991 年 9 月，我开始在哈佛大学学习计算机科学。就在几个月前，蒂姆·伯纳斯-李在欧洲核子研究组织（CERN）的粒子物理实验室创办了世界上第一个网站。大二那年，我的室友买了一台 NeXT 电脑。这台黑色方形电脑跟伯纳斯-李在欧洲核子研究组织用作网络服务器的电脑是同一款，挺好玩的。这个室友在我们的宿舍里安装了高速网络，我们就用他那台价值 5 000 美元的电脑查阅电子邮件。另外一个室友当时刚出柜，由于波士顿的同志酒吧对他那个年纪的小青年来讲有点过火了，他就用这台电脑上网逛在线公告栏，结识男孩子。那时候，要说未来人们会在网络上处理所有的事情，是很可信的。

在我们那个年代，年轻的理想主义者很轻易相信的另一件事，是我们在网络上建立的世界要比现实世界更美好、更公正。20 世纪 60 年代，我们父母那一代年轻人相信，他们辍学或者群居在嬉

---

*　1 磅 ≈0.45 千克。——编者注

皮士公社，就可以让世界更美好。我们看着这代人渐渐"改邪归正"——群居公社显然不是解决之道。如今，轮到我们上场了，"赛博空间"这一全新的未知领域就是我们用以让世界更美好的东西。我提起这两个时代的关联，不仅仅是一种隐喻。弗雷德·特纳在《数字乌托邦：从反主流文化到赛博文化》一书中曾提过，当时互联网文化的兴起深受 20 世纪 60 年代新公社主义运动的巨大影响。[1]《全球概览》(*Whole Earth Catalog*)杂志的创始人斯图尔特·布兰德在 1995 年《时代》周刊的一期特刊《欢迎来到赛博空间》中发表过一篇题为《一切都归功于嬉皮士》的文章，列出了反主流文化和个人计算机革命之间的种种联系。[2] 早期的互联网是那么活色生香。

到了大三，我学会了制作网页，搭建网络服务器，还能用六种不同的编程语言写代码。对一个主修数学、计算机科学或者工程学的本科生来讲，这点能力再普通不过了。但是，对一名女性来讲就不是了。在这所拥有两万名研究生和本科生的大学里，我是主修计算机科学的六名女生之一。不过，在计算机系，我只认识两个女生，其余三个女生也不知是真的存在还是谣言。我常感到孤立无援，学校里那种死啃教科书的教学方式让本就占少数的女性愈加容易放弃 STEM（科学、技术、工程和数学）职业。我可以看到这个体制内部正发生的问题，无论是对我还是对其他女性来说都是如此，但我无力解决。后来，我转到了别的专业。

毕业之后，我成为一名计算机科学家。我的工作内容是制作一个模拟器。做这个模拟器，就好比让 100 万只蜜蜂提着机关枪同时发动攻击。把这些"蜜蜂"部署好，就能测试出软件在发布之后能不能抵挡得住这样的攻击强度。这份工作很不错，但我并不快乐。

我再一次感到孤独，我周围看起来没有同类，没有人像我一样说话，也没有人和我兴趣一致。于是，我辞职，去做了记者。

几年之后，我以一名数据记者的身份回到了计算机科学界。数据新闻学是一门在数据中挖掘故事，用数据来讲述故事的学科。身为数据记者，我写代码是为了从事调查性新闻工作。我也是一名教授，这样的定位很适合我。这样一来，在我的工作中，性别均衡状况也较以往更好了。

记者被教导要始终存疑。我们当中有这么一句话："哪怕你母亲说她爱你，你也要去确认一下。"这么多年以来，我听过许多人反复说着一些关于技术光明前景的话，却看到数字世界在复制着现实世界中的不平等。比如，女性与少数族裔占技术人才的比例从未显著上升。互联网成为新的公共领域，但朋友和同事们报告说，他们在网上受到的骚扰比以往任何时候都多。我的女性朋友们会在线上交友网站和使用 App 时收到强奸威胁和淫秽图片。杠精和垃圾账号把推特搞得乌烟瘴气。

于是，我开始对那些看好技术文化前景的说法存疑。我逐渐发现，人们谈论数字技术时对技术的看法，跟数字技术实际上能做到的事情并不同步。其实，我们使用计算机所做的每一件事情归根结底都是数学。我们能利用技术干什么、该干什么，有一些基本的限制。我认为，我们已经达到了极限。在美国，人们太过热衷于使用技术来处理所有的事务——招聘、驾驶、付账、选择约会对象等等，不一而足。这原本没有什么不好，但正因如此，人们反而把标准放低了，不再对新兴的技术有高要求。

我们这种将计算机技术应用到生活方方面面的集体热情，催生了大量粗制滥造的技术。这种粗劣的技术并未如人们所愿改善生活，反而给人们的日常生活造成了阻碍。如今，诸如查找新朋友的电话号码或最新的电邮地址之类的小事变得非常耗时，因为人们将通信录的记录工作交给了计算机，并且解雇了所有原本负责更新通信录的人。现在，没有人仔细检查并确保每个机构目录中的所有联系信息是准确的，因此与人取得联系比以往任何时候都要困难。作为一名记者，在工作中，我通常需要与很多我不认识的人联系。然而，与人取得联系比以前更加困难，也更加昂贵。

俗话说，当你只有一把锤子时，所有东西看起来都像钉子。电脑就是我们手中的锤子，是时候停手了。不要蒙上眼睛一头冲向数字化的未来。对于何时使用技术、为何使用技术，是时候做出更好、更深思熟虑的决定了。

本书正是由此而来。

本书将指导读者理解使用技术的边界。理解技术的边界，其实就是理解人类的成就与人性交叉的前沿。那个前沿更像是一个悬崖，再往前走一步，就十分危险。

世界上了不起的技术应有尽有，有互联网搜索，有能够识别语音指令的设备，还有能和人类比赛下围棋、玩问答游戏的计算机。我们大可以为这些成就而自得，但最好不要忘乎所以。别以为有了出色的技术，就可以为所欲为。我在大学课堂上教的基本的知识点之一，就是运用技术要遵从一些基本限制。我们知道，运用数学和科学知识来做事情都是有基本限制的。其实，技术也不外如是，如何运用技术也应该有所限制。倘若只用计算技术的眼光看待世界，或仅利用技术来解决重大社会问题，我们往往会犯一系列可预见的错误，阻碍人类的进步，加剧社会的不平等。本书主要探讨人类运用技术应有的边界和外部限制。理解这些基本限制，能帮我们更好地做决策，而且有助于我们站在社会的立场上进行集体对话，讨论我们能用技术做什么，以及我们应该如何做才能让世界真正变得对所有人来说都更美好。

我将以记者的身份参加这场关于社会公平的集体对话。我从事的专业是数据新闻学，也叫作"计算新闻学"（computational journalism）或"算法问责报道"（algorithmic accountability reporting）。所谓算法，是得出某个结果的计算程序，它好比食谱，是某种菜式的烹饪方法。有的算法会越来越多地被用于替人们做决策。有时候，我们需要编写代码来研究这些算法是否妥当。其他时候，我们得盯着那些粗劣的技术或错漏的数据，并随时发出警告。

我在本书中想要发出的一个警告是针对一种错误的假设，我称之为"技术沙文主义"（technochauvinism）。它认为技术是所有问题的解决方案。数字技术自 20 世纪 50 年代以来一直是科学界和政治界中一个非常普通的组成部分，在 80 年代进入了人们的日常生活。尽管如此，如今市面上各种复杂的营销活动还是让大部分人相信，技术仍是新事物，仍具有潜在的革命性。（其实，科技革命早已发生，如今技术就如同家常便饭一样普通。）

技术沙文主义者脑中常常伴随着其他一些类似的观念。他们通常也信奉安·兰德式精英主义、技术自由意志主义政治哲学之类的观念。他们赞美言论自由，却对网络骚扰问题视而不见，他们认为计算机可以将所有问题都提炼成数学问题，因此比人类更"客观"或"公正"。他们甚至有一种坚定不移的信念，认为人类只要更多地使用计算机，并且妥善地使用它们，社会问题就会消失，还能创造出一个数字化的乌托邦。而事实绝非如此。从来不曾有过一项新技术能够让我们远离与人类本性相关的根本问题，将来也不可能会出现。既然如此，为什么人们还坚持相信，我们的前方有一个充满阳光的技术时代？

我当初是怎么开始思考起技术沙文主义这件事的呢？有一天，我和一位 20 多岁的朋友闲聊。他是一名数据科学家。谈话间，我提到费城的学校里课本短缺的事情。

"那为什么不直接使用笔记本电脑或 iPad 呢？改用电子版教材不就好了吗？"我的朋友问，"高新技术不是已经把所有事情都变得更快速、更便宜、更美好了吗？"

我把他训了一顿（在后面的章节中，你也会被我唠叨）。但是，他说的话始终萦绕在我的心头。他认为技术就是解决一切的答案，而我认为技术只有在能解决特定问题时才是正确答案。

不知何故，在过去的 20 年中，许多人开始认为，计算机总是做得对，而人类总是出错。我们开始提出诸如"计算机比人类更好，因为它们比人类更加客观"之类的说法。计算机变得越来越普遍，在我们生活的方方面面无孔不入。有时候哪怕机器出了问题，我们都会以为是自己的问题，而不会认定是那些计算机程序中成千上万行的代码出了问题。实际上，任何一名软件开发者都会告诉你，有问题通常都是机器的问题。可能是机器设计得太粗劣或未经严格测试，或者是使用了廉价的硬件，或者机器对实际用户如何使用系统有很深的误解。

如果你的观点跟我那位数据科学家朋友有相似之处，那你可能会对我的观点持怀疑态度。也许你很爱玩手机，也许你总是听别人说计算机是未来的趋势。我知道，我也经常听说。但我所希望的是，在我讲人们创造技术的故事时，你能听得进去，并且能以这些故事为基础，对我们拥有的技术和创造技术的人进行批判性的思考。本书并不是技术手册，也并非教科书，而只是一本有目的的故事集。有一些是我自己经历过的编程故事，每一次经历都是为了理解技术的基本原理和当代的高科技。而这些项目会串成一个链条，为反对技术沙文主义建立了一个论据。在这个过程中，我将解释计算机的技术原理，并且解构计算机技术所服务的人类系统。

本书的前四章讲述计算机的若干基本原理以及计算机程序的构造方式。如果你已经对硬件和软件的合作原理了如指掌，或者说你已经会写代码了，那么关于计算的第 1~3 章对你来说也就不在话下，你可以翻到关于数据的第 4 章。前 4 章非常重要，因为所有的人工智能都建立在同样的基础上，包括代码、数据、二进制和电脉冲。关于人工智能，首先要知道什么是真实的，什么是虚构的。超级人工智能，就像影视作品《疑犯追踪》和《星际迷航》中那样，都是虚构的。没错，凭空虚构是非常有意思的，它能够激发人们产生一些诸如机器人统治世界之类的绝妙创意。但这些都不是真的。本书会遵循真实的数学、认知科学和计算科学的概念来展开，而这些概念又无一不严格处于人工智能的学术范畴之内：知识表示与知识推理、逻辑学、机器学习、自然语言处理、搜索、规划、力学和伦理学。

在第一个计算冒险（第 5 章）中，我做了一项调研，以了解为何教育改革已经进行了 20 年，学校仍然无法让学生都通过标准化考试。这不能归咎于学生，也不是老师的错。最大的问题是：那些设计出重要的州和地方考试的公司，在设计考试之余，还出版了一些附有考试答案的教材，但低收入学区的人根本买不起这些教材。

我编写了一个人工智能软件来协助调查，这才发现了上述棘手的情况。近年来，机器人记者经常上新闻，因为美联社正在使用机器人撰写常规的商业和体育报道。我的人工智能软件并没有装在机器人体内（也没有必要装在机器人体内，尽管我并不反对这种做法），也不会帮我写任何报道（我也不会帮它写）。相反，它是老式人工智能的一个全新应用，可用来帮我挖掘一些新视角。在这项调研中，我意外地发现，哪怕在高科技的世界中，最简单的解决方案（给孩子一本书）仍是相当有效的。我不由得会想，既然我们已经有一个便宜而高效的解决方案，为什么还要花那么多钱让技术进入课堂。

在下一章（第 6 章）中，我会简单讲述机器的历史，并且着重讲两方面的内容。其一，我要重点讲述人工智能之父马文·明斯基的故事。其二，我要探讨 20 世纪 60 年代的反主流文化如何塑造了今天（本书写于 2017 年）人们对互联网的信念，其影响之深远可谓无以名状。我的目的是让读者知道，当年一些具体的人物为了实现梦想和目标，在深思熟虑后做出许多选择，从而打造出我们今天所享有的科学知识、文化、商业修辞，甚至是技术的法律框架。比如说，今天的互联网没有国界，就是因为当初许多创造互联网的人认为他们能够超越各国政府，创造出一个全新的世界——就像当年他们群居在嬉皮士公社，试图创造出一个全新的世界那样（但那一次失败了）。

我们在思考科技问题的时候，最好不要忘记另一块文化试金石，那就是好莱坞。人们梦想用技术来实现的事情，多半受到了电影、电视节目和书本中一些画面的启发。（还记得我小时候做的机器人吗？）当计算机科学家谈到人工智能的时候，我们会区分广义人工智能和狭义人工智能。广义人工智能是指好莱坞版本的人工智能。这种人工智能能够控制机器人管家，理论上会获得意识，并最终控制政府，还有可能变成现实版的终结者阿诺德·施瓦辛格。各种可能的后果，想想都恐怖。大多数计算机科学家都非常了解科幻文学和影视作品，我们也都非常乐于谈论关于广义人工智能的各种虚构的可能性。

在计算机科学界，人们早在 20 世纪 90 年代就已经放弃了对广义人工智能的研究。[3] 广义人工智能现在叫 GOFAI（Good Old-Fashioned Artificial Intelligence，老式人工智能）。狭义人工智能才是我们真正拥有的东西。狭义人工智能是纯粹的数学。它没有GOFAI 那么刺激，但高效得惊人，我们可以用它做许多有意思的事情。不过，这个领域的语言表达非常混乱。机器学习是一种流行的人工智能形式，它不是 GOFAI。机器学习是狭义人工智能。这个名称本身就很令人困惑。哪怕是我，都会以为"机器学习"这个短语表示计算机产生了意识。

它们的重要区别在于：广义人工智能是我们想要的、我们所期待的，也是我们想象出来的，它是梦想；而狭义人工智能是我们真正拥有的，它是现实。

接下来，在第 7 章中，我会给"机器学习"下定义，并且通过预测哪些乘客在"泰坦尼克号"失事事件中幸存，来展示机器学习的方法。机器学习的定义非常重要，知道这个定义才能理解第四个研究项目（第 8 章）。我将在第 8 章中细说这个项目，我会乘坐一辆自动驾驶汽车，并且解释为何自动驾驶校车一定会撞车。2007 年，我第一次乘坐自动驾驶汽车，当时还是在空旷的机场上做的测试，而那位计算机化的"驾驶员"差点把我害死。从那时起，技术已然先进了不少，但自动驾驶技术依然无法像人脑那样工作。控制论机体的时代远不会这么早到来。我会细数人类关于技术取代人类的幻想，并且探讨这样一个问题：承认技术并不如我们所希望的那么有效，为什么那么难？

第 9 章是一个跳板，我们要探讨为何受欢迎的东西不等于好东西，以及这种误解（机器学习会使这种误解长存）为何可能很危险。第 10 章和第 11 章也是编程的冒险。在一次横穿全美的黑客马拉松巴士旅行中，我开了一家比萨计算公司（它很受欢迎，但仍需改进）。我还试图为 2016 年总统大选构建人工智能软件，以改善美国的竞选财务体系（它设计得很好，但不受欢迎）。在这两种情况下，我都构建了可以运行的软件，但不如预期那样运行。软件的失败非常有教育意义。

本书旨在赋予人们在技术世界中更加坚强的力量。我希望人们理解计算机的运行原理，这样他们就不会被软件吓倒。我们都有过这样的时候，比如有的事情本来很简单，但技术交互不知为何让它变得复杂，我们都曾在面对这种事情时感到无助和沮丧。就连被称为"数字原住民"的我的学生这一代，在面对数字世界时也常感到困惑和无所适从，也常抱怨数字世界的粗劣设计。

倘若我们想光靠计算技术来解决复杂的社会问题，那么我们所依靠的"人工智能"，其实根本就不智能。要明确一点，我所说的"不智能"是计算机，而不是人。计算机根本不在乎它自己或者你能干什么。它会尽其所能来执行指令，然后等待下一条指令。它没有知觉，也没有灵魂。

而人总是聪明的。只不过，当聪明而好心的人对使用计算机做决策的毛病视而不见，或是狂热支持使用计算机完成所有事情——包括不适合使用计算机来做的事情，他们就变成了技术沙文主义者。

　　我认为我们可以做得更好。只要了解计算机的运行原理，我们就有能力对技术提出更高的质量要求。我们可以要求技术系统真正帮我们更省钱、更快速并且更好地完成任务，无须再忍受那些说好了要改善使用体验，却将事情搞得无比复杂的系统。我们可以学会如何应对技术的下游效应，这样才不会在复杂的社会系统中造成无心之失。此外，我们还可以大胆对没有必要的技术说"不"，这样我们就可以过得更好、更互联，也能更切实享受技术给我们带来的更多好处。

第 2 章

你好，世界

要了解计算机不能做什么，我们需要先了解计算机擅长什么，以及它的工作原理。为此，我们将编写一个简单的计算机程序。程序员每学习一门新的编程语言，都会先做这样一件事：写一个"Hello，world"（你好，世界）程序。如果你在学编程，不管是在编程训练营，还是在斯坦福大学、社区大学或是网上教程，你也很可能会被要求编写一个。"Hello，world"是布赖恩·克尼汉和丹尼斯·里奇于 1978 年出版的经典著作《C 程序设计语言》中的第一个编程项目，用于教读者如何（用 C 语言）创建程序，在屏幕上显示"Hello，world"。克尼汉和里奇当时在贝尔实验室工作。贝尔实验室可以说是现代计算机科学界中的智库，地位好比巧克力界的好时巧克力。（感谢 AT&T 贝尔实验室的垂青，我在此也工作了多年。）计算机科学界的大量创新都起源于贝尔实验室，包括激光、微波和 Unix 系统（除了 C 语言之外，丹尼斯·里奇也参与了 Unix 的开发）。C 语言之所以叫 C 语言，是因为它诞生于贝尔实验室所写的"B 语言"之后。C++ 是一种如今仍然流行的语言。它和它的近亲 C# 一样，都是 C 语言的后代。

因为我喜欢传统，咱们就以"Hello，world"开头吧。请取出一张纸和一支笔，然后在纸上写"Hello，world"。

祝贺你！很简单吧？

实际上，这是一个非常复杂的过程。你在脑中形成了一个意图，收集了必要的工具，以实现脑中的这个意图，大脑向你的手发送了一条信息，告诉它要写什么字母，并让你的另一只手或身体的其他部位在你书写的时候稳住这张纸。经过这样一通折腾，这个意图才能正常实现。你的身体按照你的指示，执行了一系列步骤，以实现特定的目标。

现在，咱们让计算机来做同样的事。

打开文字处理程序（Word、Notes、Pages 或 OpenOffice，只要能用文字处理程序就行），创建一个新文档。在文档中，键入"Hello，world"。如果你乐意，可以打印出来。

再次祝贺你！你使用不同的工具执行了相同的任务：你的意图、物理显示等。你做得很棒。

下一个挑战是使用稍微不一样的方式，让计算机显示"Hello，world"。我们来编写一个将"Hello，world"显示到屏幕上的程序。就用 Mac 上自带的 Python 语言来写吧。（如果你用的不是 Mac，流程会略有不同，你得上网查查流程。）在 Mac 上，打开"应用程序"文件夹，然后打开里面的"实用工具"文件夹。在"实用工具"文件夹中，有一个名为"终端"的程序（见图 2.1）。打开它。

祝贺你！你刚刚提升了自己的计算机使用技能。你的计算机技能距离硬件只有一步之遥！

所谓"硬件"，是指计算机的芯片、晶体管和电线等，这些东西构成了计算机的物理形态。"终端"程序是一个精美的图形用户

图 2.1 我的"实用工具"文件夹中的"终端"程序

界面（GUI），打开它，你距离硬件就更近了。接下来，我们在"终端"程序里用 Python 语言写一个程序。这个程序将在计算机屏幕上显示"Hello，world"。

"终端"程序上有一个闪烁的光标。光标所在的地方，就是一个"命令行"。计算机会逐字逐句地将你在命令行中键入的所有内容进行解读。通常，在你按回车键时，计算机会尝试执行你前面所输入的所有内容。现在，我们来试试输入下面的内容：

```
python
```

你会在"终端"程序上看到下面的内容：

```
Python 3.5.0 (default, Sep 22 2015, 12:32:59)
[GCC 4.2.1 Compatible Apple LLVM 7.0.0 (clang-700.0.72)] on
darwin
Type "help," "copyright," "credits" or "license" for more
information.
>>>
```

"＞＞＞"表示，你现在正在使用 Python 解释器，而不是常规的命令行解释器。常规的命令行解释器通常使用 shell 编程语言，Python 解释器则使用 Python 编程语言。就像在口语中有不同的方言一样，编程语言中也有许多方言。

输入下面的内容，然后按回车键：

```
Print ("Hello, World!")
```

祝贺你！你刚刚写了一个计算机程序！感觉怎么样？

我们刚刚用三种不同的方法做了同样的事情。在这三种方法中，可能有一个最轻松，也可能有一个最快、最简单。哪种方法更容易、更快，取决于你的个人体验。要记住这一点：没有哪一个是最好的。非要说用技术办事比不用技术更好，就像是非说用 Python 写"Hello，world"比在纸上写更好一样荒谬。其实，两者之间没有可比性。使用哪一种方法更优，要看个人体验，以及实际使用之后产生的结果。"Hello，world"太简单了，随手一试就知道，风险非常低。

大多数程序比"Hello，world"复杂得多。只有能理解这种简单的程序，你才可以去理解更为复杂的程序。无论是最复杂的科学计算程序，还是最新推出的社交网络程序，每一个程序都是由人编写的。而这些人都是从"Hello，world"开始编程的。他们构建的复杂程序，都从构建简单的代码块（如"Hello，world"）开始。他们会逐步将简单的代码块添加到程序中，让程序慢慢变得更加复杂。计算机程序并不神奇，它们只是人做出来的东西。

比如说，我想写一个显示10遍"Hello，world"的程序。我可以重复写10行命令：

```
print ("Hello, world!")
print ("Hello, world!")
```

呃，我才不会那么做呢。才写了两遍，我就觉得没意思了。还要敲击8次"Ctrl+P"，太麻烦了。（懒惰有助于你像程序员一样思考。）许多程序员觉得打字非常乏味，于是他们尽量少打字。与其输入10遍代码，或是复制、粘贴那一行代码，还不如写一个循环，让计算机重复执行10次这一行代码。

```
x=1
while x<=10:
    print("Hello, world!\n")
    x+=1
```

这就有趣多了！现在，电脑会帮我完成这项任务！等等，刚刚发生了什么？

我把 x 的值设为 1，并且创建了一个 WHILE 循环。WHILE 循环会一直执行，直到达到停止条件 x>10。第一次循环时，x = 1。程序会显示"Hello, world!"以及一个回车符或行结束符（代码中用"\n"表示）。反斜杠在 Python 语言中是一个特殊字符。根据 Python 语法，解释器一遇到这个字符就"知道"，接下来要对反斜杠符的文本所示做出反应。在这个示例中，我让计算机显示一个回车符。要是我们必须给每一台笨重的大块头计算机从零开始编程，以构建它的底层功能，比如让它读取文本并将其转换成二进制，或是让它根据所选编程语言的语法规则来执行指定的任务，那就太令人痛苦了。啥都干不了了！因此，所有的计算机都有内置的功能，也都允许增加功能。我刚才使用"知道"这个词，只是为了方便读者理解。记住，计算机并不像有意识的人那样，能"知道"些什么。计算机内部没有意识，只有一些功能模块在同时运行着，那个场面静默而壮丽。

下一行的"x+=1"，表示给 x 的值加 1。这个语法规则借鉴了 C 语言，我认为它相当优雅简洁。以往在编程中，为让变量进入下一个循环，编程者得写上无数个"x = x+1"。C 语言的设计人员觉得这样太无趣了，于是写了一个快捷方式。其实，"x+=1"和

"x=x+1"是一样的，有时候也写成"x++ 或 ++x"。几乎每一门编程语言都对"x=x+1"有不同的快捷表达方式，因为程序员对它的使用率非常高。

循环了一次之后，此时 x=2，程序运行到了 WHILE 循环的最后一行。在 while 语句下方的命令行，若行首有空格，表明当行属于 while 循环。程序运行到循环的末尾之后，就会回到循环的开头——"while"开头的那一行，并再次检查运行条件：x 是否小于或等于 10？若是，程序再次执行指令，在屏幕上显示"Hello, world!\n"，效果如下：

Hello, world!

然后，再给 x 值加 1。现在，x=3。程序再次回到循环的开头，以此循环往复，直到 x=11。当 x=11 时，就满足了这个循环的停止条件，于是循环就此终止。你可以这样理解这个逻辑：

如果 x 小于或等于 10
则：执行循环指令
否则：执行下一步骤

程序每一次执行循环都是一个小步骤。如果能将许许多多像这样的小步骤组合在一起，聚沙成塔，你就能干成大事儿。计算机编程人员非常擅长分析任务，将任务拆解成非常多的小步骤，并且让计算机处理每一个小步骤。只要将所有小步骤放在一起，再稍加修改，让它们互相配合，很快你就得到了一个能运行的计算机程序。

现在的程序都是模块化的。所谓模块化，就是说可由不同的程序员构建不同的模块，而且只要将模块正确地拼接上，它们就能正常运行。

现在我们已经写了一个程序，让我们来聊聊数据。程序可以输入数据，也可以输出数据。数据（即信息点或信息单位）的生成方式多种多样。美国国家气象局每天都在美国数千个地点收集高温和低温数据。计步器能够记录你每天的步数，按日、按周、按年为你生成步数曲线。我认识的一个幼儿园老师，每周一让孩子们计算班上同学的衣服口袋总数。数据可以告诉我们有多少人购买了某顶帽子，自然界还有多少濒危的白犀牛，极地冰盖正在以多快的速度融化，等等。数据的魅力是无穷的，它给予我们洞见。它使我们有能力了解世界，让我们能设法理解超出我们理解范畴的概念。（不过，如果你都能阅读这本书了，你的理解力应该早就超出应对"同学们总共有多少个衣服口袋"这种问题了。）

虽然数据可由许多方式生成，但上述所有的示例都有一个共同点：所有数据都是由人类生成的。所有数据都是如此，无一例外。最终，数据的本质就是人类在数数。如果我们不做深入的探究，可能会以为数据是从天神宙斯的脑中涌进这个世界的。我们还总是假定，因为存在数据，所以数据一定是正确的。本书的第一条原则就是：数据是由社会构建的。数据是人造的，如果你脑中有数据非人造的观念，请立即摒弃。

"那计算机数据呢？"一个熟知幼儿园小朋友衣服口袋数据收集问题的人可能会问。这个问题问得非常好。计算机生成的数据本质上也是由社会构建出来的，因为计算机就是由人类制造的。而数学也是人类创造的一个符号系统。顾名思义，计算机就是能计算的机

器，能执行上百万次数学运算。计算机并非诞生自绝对的宇宙规律
或自然法则，而是一些专业人员在特定的组织环境中，有意图地做
了上百万个细微的设计决策，从而得到的产物。我们在理解数据以
及计算机（作为生成并处理数据的机器）时，必须理解这样一个社
会与技术背景：人类制造计算机，计算机制造数据。

要想了解计算机能输出什么，可以先了解一下计算机里面有什
么。关于计算机，我们要知道一些事实。大部分计算机都有外壳，
内部则由一些电路板和其他东西组成。我们来具体说说"其他东
西"。电源、显示器的连接电路、晶体管、内置存储器和可写存储
器，都是非常重要的零件。这些零件属于计算机的"硬件"。计算
机的硬件是物理实体，软件则是在硬件上运行的任何东西。

20世纪90年代，我在高中首次了解计算机的物理本质。当时，
我参加了洛克希德·马丁公司赞助的一个特殊的青少年工程项目。
我所在的新泽西小镇上有一个洛克希德工厂，它的大楼外形像一艘
战舰，还有方圆好几英里*的空置农田。当时盛传该工厂专门制造核
武器，而金色的麦浪下藏着导弹发射井。如果苏联攻打过来，导弹
发射井可以升到地面，发射核导弹进行反击。当时，冷战还未结束。
惊悚的迷你剧《浩劫后》（The Day After）展示了核灾难的余殃，搞
得人心惶惶。我们会时常讨论，美国的导弹藏在哪里，苏联的导弹
会打到哪里，如果苏联打过来，我们该怎么办，等等。每个月，我
都会乘校车去几次洛克希德工厂，与当地学校的其他一些青少年见
面，一起学习工程学相关的知识。

人们有时会说，计算机就像人的大脑。事实并非如此。如果

---

*　1英里≈1.61千米。——编者注

截掉一块脑组织，大脑就会"变道"，创造新的通路，以补偿缺失脑组织造成的问题。想想 2011 年美国亚利桑那州众议院女议员加比·吉福兹颅脑损伤的事件。当时，吉福兹正在西夫韦杂货店的停车场与选民交流，独行枪手贾里德·李·拉夫纳突然近距离向她开枪，她的头部中弹。接着，拉夫纳又朝停车场内的人群盲目射击，导致 6 人死亡，18 人受伤。此前，他一直在跟踪吉福兹。

在停车场子弹横飞的时候，吉福兹手下的实习生小丹尼尔·埃尔南德斯扶她起来，并且给她头部的伤口施压。最后，旁观者制服了枪手，警察与急救人员也到达了现场。吉福兹当时的伤势非常严重。医生为她实施了紧急脑部手术，并且用药物使她保持医学昏迷状态，以保护她受伤的大脑，给大脑足够的恢复时间。四天之后，吉福兹睁开了眼睛。她无法说话，几近失明，但她活下来了。

吉福兹坚毅地踏上了漫长的康复之路。要恢复说话并非易事，她接受强化治疗，痛苦地重新学习说话。许多遭受此类颅脑损伤的人的嗓音会发生很大变化，吉福兹也不例外。她现在说话比以前要慢很多，听起来也非常不流畅。她一说话就非常疲劳。她的大脑创造了新的通路，以替代在事故中缺失的旧通路。人的大脑神奇就神奇在这里：在特殊的情况下，它能够以特殊的方式进行自我修复。

计算机做不到这一点。如果拿走计算机的一块组件，它就运行不了了。存储在计算机里的内容都有对应的物理地址。本书的草稿就存在我电脑硬盘里的一个特定地址。如果这处地址被抹去，我就会丢失那些我精心润色过的文本。那就坏了——我可能会有点小崩溃，并且会错过截稿日期。不过，本书的构想仍然存储在我的脑子里。如果有必要，我可以重新写出这些文本。人的大脑比硬盘要灵活得多，适应性也强得多。

　　我在洛克希德工厂学到了许多有用的知识，这是其中一个。我还发现，很多科技公司里会有许多刚过时不久的电脑备用零件，都是员工升级电脑或是离职后留下的。每个参加青少年工程项目的人都分到了一个 Apple II 的机箱、一块电路板、一些内存芯片、一些色彩鲜艳的带状电缆，还有各式各样从工厂（可能是核电站）不同的办公室捡来的其他零件。我们将这些组件接在一起，插上电源，听老师解释各个零件的功能。机箱很脏，键盘有点黏糊糊的，所有的电路板都落满了灰尘，但我们都不在意这些。我们只管组装自己的电脑，这很有意思。装完电脑之后，我们就学着使用一种简单的编程语言 BASIC 给电脑编程。在学期末，我们得以留着各自组装的电脑。

　　我讲这个故事的用意是希望读者知道，电脑可以由人类手工组装，而且确实就是由人的双手组装而成的。我的新闻编程课上的学生就是对技术无所适从的一批人。他们总是担心会弄坏电脑，或是用电脑造成什么毁灭性的后果。"没事儿，你们得用锤子才能弄坏电脑。"我这样告诉他们。一开始，他们都不太相信。到了学期末，他们才变得没那么畏首畏尾。哪怕弄坏了什么东西，他们也有信心修复或是搞清楚问题所在。这种自信是培养技术素养的关键。

　　你不是我班上的学生，我无法直接给你一台电脑，但我希望你能尝试亲手拆开一台旧电脑。就拿你自己的旧电脑试试吧。如果自己没有旧的，可以去二手商店买一台，想必不会太昂贵。你也可以问问你们办公室的相关人员。专管技术或者网络的工作人员通常会有一些旧设备用不上，要么放着做装饰，要么来不及回收。台式电脑是最适合用来拆卸的。

　　我们来试试把电脑拆开。如果你拆的是笔记本电脑，那你可

能需要一把小螺丝刀。一般来说，台式电脑的内部结构如图 2.2
所示。

　　观察一下，看看图中的零件如何互相连接。跟着输入电路（USB
端口、视频端口、音频端口）的线路，看看线路连到了哪里。不妨
摸摸粘在电路板上的那些长方形块状物。试试找一下微处理器芯片
的位置——瞧瞧哪个零件上印着"Intel"，就八九不离十了。微处
理器是主机里最关键的零件。再找找看，哪条线路是连接硬件和电
脑显示器的。这种连接线多半是特别粗实的带状电缆，它将图形类
信息传输给显示器，显示器则将这些信息按程序指定的方式展示
出来。

　　回想刚才你写的第一个 Python 程序。你在键盘上打字，这些信

图 2.2　台式电脑的内部结构

息从键盘传输到了主机，然后被逐字解释。随后，主机向另一个零件——显示器发出指令，让它显示"Hello，world"。不论程序指令简单还是复杂，任何程序都是这么运行的。

拆电脑这个活动非常适合亲子互动。在我儿子上小学的时候，我曾和他一起拆了一台笔记本电脑。当时，我打算回收几台笔记本电脑，于是我把硬盘从电脑上拆下来，打算在扔掉之前，先用锤子砸碎它们。（我发现，砸碎硬盘要比清空硬盘数据更简单，而且操作起来更痛快。）我问儿子愿不愿意帮把手，帮我把硬盘从电脑上拆下来。他说："你开什么玩笑？我何止想拆硬盘，我想把整台电脑都拆了。"于是，我们一起在厨房的柜台上把两台笔记本电脑大卸八块，度过了愉快的一两个小时。

在我的大学课堂上，我们先摆弄摆弄硬件，然后就开始聊软件——包括"Hello，world"。所谓软件，就是所有在硬件上运行的东西。有了软件，你就可以用键盘输入指令，然后让机器按你的指令执行任务。有了软件，"Hello，world"程序才可以运行——在屏幕背后，你输入的文字被编译成了计算机能够理解的指令。硬件是物理实体，软件是硬件之外的所有东西。计算机编程和编写软件通常是一回事。

不瞒你说，编程其实就是数学。如果有人告诉你编程跟数学无关，或者你可以脱离数学来学编程，别上当，他们可能就是想骗你买他们的东西。

好消息是，学习编程入门知识所需的数学知识，大概等同于小学四五年级的水平。你需要懂得加法、减法、乘法、除法、分数、百分比和余数等概念。你还需要懂得基础的几何学知识，比如面积、周长、半径和圆周长等。你得知道一些基本的绘图术语，比如 x 轴、

y 轴和 z 轴。此外，你还得懂得函数的基础知识，比如，要把 2 变成 22，我们要执行一个函数。

如果你有特别严重的数学恐惧症，可能这本书你就不想再读下去了。没关系！有太多言论主张人人都该学编程，我不能苟同。如果你实在不会算术，那勉强学编程可能会让你痛苦不堪。但如果你平时就能够计算就餐的小费，而且像估算该给客厅买多大的地毯之类的事情你也能轻易做到，那你学编程就没有问题了。

要从编程的入门水平进阶到中等水平，需要懂得线性代数、一点几何学和一点微积分的知识。不过，很多人即使只拥有基础编程水平，也能在编程这一行里混得风生水起。编程既是一门艺术，也是一门手艺。若把编程当作手艺，你可以跟师傅做学徒，然后以编程谋生。但若把编程当作一门艺术，则既要有极好的手艺，还需要接受高等数学方面的训练。我假定本书读者主要是把编程当作手艺的，我会以此为前提继续往下讲述。

有很多专业的方法可以描述软件如何与硬件协作运行。现在，我打算用一个比喻来说明。理解计算机的层级结构，跟理解火鸡俱乐部三明治的结构没什么两样（见图 2.3）。

火鸡俱乐部三明治跟计算机的结构是相似的。它也有许多不同的组成部分，而这些食材配合得特别好，形成了一个美味的三明治。你会按特定的顺序来摆放三明治的食材，以得到你想要的口味。计算机也一样，会按特定的规则来运行。

做一个火鸡俱乐部三明治，要先把底层搭好。三明治的底层是面包片，计算机的底层则是硬件。硬件其实什么都不"知道"——它只知道如何处理二进制数据：0 和 1。所谓"处理"，其实就是"计算"。记住，计算机所做的任何事，本质上都是数学。

图 2.3 火鸡俱乐部三明治

　　紧接着硬件层，是一个能将代码转换为二进制（0 与 1）的层。不妨叫它机器语言层。这一层就好比火鸡俱乐部三明治底层面包片上的一层食材。机器语言能将符号转换成二进制，好让计算机能理解并执行计算。这些符号是我们人类之间用以沟通的文字和数字。这是一个人工系统，而人类所使用的机器语言并非二进制，而是一种"方言"，叫作汇编语言。这种方言会将符号汇编成机器代码。

　　汇编语言非常难。下面是一个用汇编语言写 10 遍"Hello, world"的示例，是我在开发者网站 Stack Overflow 上拷贝来的：

```
org
    xor ax, ax
    mov ds, ax
    mov si, msg
boot_loop:lodsb
    or al, al
    jz go_flag
    mov ah, 0x0E
    int 0x10
    jmp boot_loop
go_flag:
    jmp go_flag
msg db 'hello world', 13, 10, 0
    times 510-($-$$) db 0
    db 0x55
    db 0xAA
```

　　读写汇编语言都不是易事，只有极少数人愿意花时间钻研这门语言。人类想要更轻松地传达计算机指令，就要依赖机器语言层上的一层结构：操作系统。我的 Mac 装的操作系统是 Linux，这个名称取自它的创始人林纳斯·托瓦兹（Linus Torvalds）的名字。Linux 操作系统基于 Unix 系统，Unix 系统的创始人就是那位以 "Hello, world" 闻名于世的丹尼斯·里奇。你也可能很熟悉操作系统，哪怕你可能不知道它们的名字。20 世纪 80 年代的个人计算机革命，有一部分要归功于操作系统的胜利。操作系统运行在机器语言层之上，

人类与之沟通要比直接跟机器语言层沟通容易得多。

　　至此，电脑就能用了（尽管有点简陋）。只用 Linux 就能够直接运行各种刺激好玩的程序。然而，Linux 是基于文本的系统，非常不直观。在 Mac 上，还有另一个操作系统，叫作 OSX 系统。OSX 系统使用了独特的 Mac 式界面交互。这种交互方式叫作图形用户界面，它是史蒂夫·乔布斯的一项伟大创新：他发现以文字为主的用户界面使用起来难度很大，于是普及了一个操作方式，那就是将图片（图标）置于文字上方，并使用鼠标操控图片和界面。乔布斯的桌面图形用户界面和鼠标的灵感，来源于艾伦·凯在施乐帕克研究中心所领导的团队。施乐帕克研究中心是施乐的另一个研究实验室，1973 年曾发布过一款带有图形用户界面和鼠标的计算机。我们总爱将技术创新归功于个人，但事实上很少有人能够单枪匹马在现代计算机领域做出任何革新。仔细观察，你会发现任何技术革新都会有一个逻辑上的前任，还有一大帮人为这个想法工作了好几个月或者好几年。乔布斯当年花钱参观了施乐帕克研究中心实验室，发现了图形用户界面这个概念创意，还注册了版权。施乐帕克研究中心的那台使用图形用户界面和鼠标的计算机衍生于先前的一个叫"联机系统"（oN-Line System，NLS）的创意。1968 年，在一场被誉为"所有演示之母"（mother of all demos）的国际计算机学会大会上，道格·恩格尔巴特展示了联机系统。在第 6 章中，我们将展开讲讲这段错综复杂的历史。

　　再往上一层，是另一个软件层：运行于操作系统上的程序层。网络浏览器（如 Safari、Firefox、Chrome 或 IE）是一个让你能够浏览网页的程序。微软的 Word 是一个文字处理程序。诸如《我的世界》之类的桌面电子游戏也是程序。所有的程序都是围绕不同操作系统的特性而设计的，因此我们无法在 Mac 上运行 Windows 系统程序，除非安装了另一个软件程序——模拟器。这些程序都设计得非常易用，但其实内部都是非常精确的。

　　咱们来点复杂的吧。假设你是一名记者，每周在网上写一篇关于猫的专栏文章。你得使用一个程序来给文章排版。大多数记者会使用文字处理程序来完成这项工作，比如微软的 Word 或谷歌的 Docs。这两个软件都可以在电脑本地运行，也可以在云端运行。所谓本地运行，是指程序在你电脑的硬件上运行；而在云端运行，则是指程序在别人的电脑上运行。"云端"听起来是一个很美妙的比喻，不过实际上它指的只是另外一台电脑，这台电脑很可能跟其他几千台电脑一起摆在三州地区一个巨大的机房仓库里。你所创作的内容来自你的想象，是独一无二的——你倾情打造的那个构思巧妙、文字精练的关于猫骑着扫地机器人的故事，对人类来说就是独一无二的。但对计算机来说，每个故事都没有区别，都是存储在硬盘上的 0 和 1 的集合。

　　你写完文章之后，要将其放到内容管理系统（content management system，CMS）中，这样编辑才能看到你的文章并进行处理，最终读者才能读到文章。内容管理系统是现代传媒机构需要用到的一种基本软件。传媒机构一天要处理几百篇文章，而且天天如此。这些文章的交稿时间不同；这些文章在某个时间点处于不同的编辑状态（或者说不同的混乱状态）；这些文章都分别有不同的印刷版标题和网络版标题；每篇文章都有一个摘录用于在各社交媒体平台上发表；每篇文章都有关联的图片、视频、数据可视化资料或代码；每篇文章都由人创作，这些人需要奖赏、酬劳，还需要管理。这些事情每天 24 小时都在发生，一年 365 天从不间断。这个规模实在太庞大了，怎么强调都不为过。管理这么复杂的业务，如果不用软件，那可真是太愚蠢了。内容管理系统就是这样一种工具，能够管理传媒机构日常印刷出版或在网络发布的所有文章和图片等资料。

传媒机构还可以使用内容管理系统给每篇文章应用统一的设计模板，让他们的文章看起来风格统一。这样做有助于品牌的建设，而且很实用。如果所有文章都要为呈现风格而分别做设计，那么要想出版任何东西，设计工作就没完没了了。因此，最好还是使用内容管理系统，给记者或编辑在系统中输入的原始文本应用一个标准化的设计模板。

接下来你要考虑，你要用设计模板中的哪些东西去装饰你的文章。你要使用突出引文的样式吗？你打算加上超链接吗？你是否会嵌入文中所引用的人物在社交平台上发布的帖子？这些细微的设计细节都会影响读者的阅读体验。

最后，文章需要被公之于众。这时，就需要一个网络服务器了。网络服务器也是一个软件，用于将文章从内容管理系统中取出，送到任何想到阅读它的人手上，而读者则通过网络浏览器（如 Chrome 或 Safari）读取你的文章。网络浏览器在这里就是一个"客户端"。网络服务器将你的文章（内容管理系统会将你的文章转换成 HTML 页面）提供给用户手上的客户端。这种"服务器—客户端"的模式以及这种没完没了地发送和接收信息的过程，就是网络的运行原理。"客户端"和"服务器"这两个术语源于餐饮业的"顾客"和"服务员"。要理解这个模式，不妨想象餐厅的服务员向前来就餐的顾客端上食物的画面。

我们在网上存取任何数据都要经历上述这样一个过程（大致如此）。这个过程步骤繁多，因此经常会出岔子。真的，如今上网出现故障的情况并不算多，能做到这样已经很不容易了。

你每次使用电脑，其实都用上了这一系列复杂的层结构。虽然这看起来很神奇，但它不是什么魔法。了解这些技术背后的知识是非常重要的，因为这能让你在使用电脑时预料到哪些问题会出现，它们如何出现、为何出现，以及在哪里出现。哪怕你感觉到电脑在跟你说话，或是你在与电脑互动，实际上你就是在跟一个由人类编写的程序进行互动而已。这个程序背后的人跟你一样，会思考，有感觉，有偏见，也有独特的个人背景。

这些知识非常好用。跟 1966 年的文字交互机器人 Eliza（伊丽莎）交谈特别有意思。Eliza 会以一名罗杰斯心理治疗师的身份对你做出应答。推特上有一些机器人账号，它们至今还在使用 Eliza 软件开创的模式回应用户的提问。只要稍稍进行一个简单的网络调查，就能发现大量 Eliza 的代码实例。[1] Eliza 那些预设的应答内容会基于用户输入的内容而改变。它的预设应答包括：

你不相信我能 _____ 吗？

可能你是想要做到 _____ 吧？

你希望我能够 _____ 。

也许你不想要做 _____ 。

多说说你的感受吧。

你最喜欢什么答案？

你怎么看？

你究竟想知道什么呢？

为什么你不能 _____ ？

难道你不知道？

试着自己搭建一个 Eliza 聊天机器人，这种形式的局限性立马一览无遗。要预设好能应付任何对话的应答内容，你办得到吗？这是不可能的。你也许可以想到能应付大部分对话的应答内容，但绝不可能应付得了所有对话。计算机在应答人类上肯定会有局限，这是因为计算机程序员作为人类，也必然有想象力上的局限。哪怕把这活儿众包出去，那也不够。毕竟要考虑到所有曾经发生的以及未来可能会发生的对话场景，不管众包给多少人，都是远远不够的。斗转星移，世界时时都在变，人们的对话风格也日新月异。就连罗杰斯心理疗法都不再是最时兴、最好的心理治疗互动方式，如今认知行为疗法远比罗杰斯心理疗法更加流行。

人们会试着去预先设计聊天机器人的应答内容，但这总归是无望的，部分原因是我们都无法逃脱生活中的意外事件。这让我想起一件旧事。当时，我听说一个朋友在纽约的一个地铁站跳到列车前自杀了。我全然没有心理准备，突然间不知该怎么办。有那么一会儿，一切似乎都停止了。

最终，我从震惊中回过神来，开始感到悲痛。但在此事发生之前，我没有任何办法可以预知我需要去面对一个这么可怕的悲剧。就这一点而言，我们其实都一样。在对意外糟心事的预料上，程序员并不比别人强多少。在需要人类设想某事最坏情况的时候，人类社群都会出现集体盲点，最终选择性地忽略一些事情。社会学家卡伦·A. 赛鲁罗（Karen A. Cerulo）在她的书《不曾预见：人类设想最坏情况的文化挑战》（*Never Saw It Coming: Cultural Challenges to Envisioning the Worst*）中将这种认知偏差称为"正非对称"（positive asymmetry）。她写道，所谓"正非对称"是一种认知倾向，它"偏向于强调最好或最积极的结果"。许多社会文化都偏好于奖赏那些关注光明面的人，而忽视甚至惩罚那些提及阴暗面的人。如果一名程序员提出产品的潜在新用户定位，另一名程序员指出新产品可能被用于骚扰或诈骗，前者的说法肯定会得到更多关注。[2]

Eliza 的预设应答内容反映了设计者取巧的态度。通过观察 Eliza 的应答，我们就能轻松理解诸如苹果公司 Siri 之类的语音助手的原理。最初版本的 Eliza 只有几十条预设应答，Siri 则拥有由大量人员精心设计的应答内容。Siri 有许多功能，它可以发短信、打电话、更新待办事项，还可以设置闹钟。"调戏" Siri 还挺好玩的，小孩子就特别热衷于探索 Siri 应答能力的边界。然而，Siri 和其他语音助手一样，应答能力受程序员集体想象力（以及"正非对称"）所限。斯坦福大学医学院的一个团队对多个语音助手进行了测试，以了解语音助手是否能够辨别病人的健康问题，以得体的用语做应答，并且为病人指派相应的医生。他们在 2016 年的《美国医学会杂志·内科学卷》上撰文表示，那些程序表现得"前言不搭后语，且不完整"，"如果要将语音助手应用到医疗界，它们的性能必须不断提升，才能完整而高效地进行应答"。[3]

技术沙文主义者都愿意相信，计算机在绝大多数工作上都能做得比人类好。计算机的运行基于数学逻辑，因此他们相信这种逻辑也适用于线下的现实世界。有一点他们是对的：说到计算能力，计算机绝对比人类要强得多。任何一个批改过学生数学试卷的人都很乐意承认这一点。不过，计算机的能力在一些特殊的情况下会受到限制。

比如玉米饼无人机（tacocopter）。这个古怪的创意在网上风靡一时，听起来也确实讨喜：用四旋翼飞行器直接把一袋又热又好吃的玉米饼送到你的家门口！不过，如果你细想一下硬件和软件上的问题，这个创意的缺点就变得显而易见了。无人机本质上就是一架内置电脑和摄像头的遥控直升机。如果下雨了，它会怎么样？电器遇到雨雪或者雾天是无法正常作业的。我的有线电视一遇到暴雨天气就会失灵，更别说脆弱得多的无线无人机了。玉米饼无人机应该飞到窗边送货，还是飞到门口送货？它要如何按开电梯门，如何推开楼梯门，如何按对讲机门铃？这些操作对人类来讲都是非常简单的，但对计算机来讲却难于上青天。玉米饼无人机该如何配送其他营养价值较低的合法物品？要是收货的客人被它吓坏了，开枪把它打下来，该怎么办呢？只有技术沙文主义者才会觉得玉米饼无人机要优于今天我们拥有的人类外卖配送系统。

如果你问 Siri 玉米饼无人机是不是一个好点子，她会在网上查找"玉米饼无人机"这个词。你会看到一些关于玉米饼无人机的新闻报道，其中一篇来自《连线》（Wired）杂志（后面会有章节展开讲述该杂志的出版事务和其中一位创始人斯图尔特·布兰德的故事）的报道，它对玉米饼无人机概念的解读比我还要深入。杂志的一位创始人认为，这个创意在逻辑上是不可能实现的，至少美国联邦航空局对于无人操控飞行器的管理条例就是这么规定的。不过，她同时也认为，虽然这个想法不切实际，但是保持这种创想精神是非常重要的。"就像赛博朋克对互联网的影响那样，"她说，"琢磨一些看起来不可能的事情，让人们保持思考的能力。"[4]

这里似乎缺少了对玉米饼无人机这个创意更为完整的构想。究竟有玉米饼无人机的世界是什么样子的？这是不是意味着我们要设计出能与无人机兼容的建筑物和都市环境？如果我们的窗户变成了外卖无人机的对接站，那我们要用什么东西去让家里的空气流通，让阳光照射进屋子？在没有玉米饼无人机的今天，外卖食物从一个人的手里传递到另一个人手里——假如要抹除这种最为乏味而无足轻重的人际互动，要消耗的社会成本是什么？我们真的要将"Hello，world"这句话说给那样一个现实世界听吗？

第 3 章

你好，人工智能

前面已经讲过了硬件、软件和编程，接下来要进入更高级的编程主题：人工智能。对大多数人来讲，"人工智能"这个词听起来就是电影里的意象。比如电影《星际迷航：下一代》中栩栩如生的机器人"数据少校"，或者电影《2001 太空漫游》中的哈尔 9000，电影《她》中的人工智能系统萨曼莎，还有漫威系列漫画和电影中钢铁侠的管家贾维斯。但话说回来，有一件事情要记住：这些都是虚构的。遇到这些东西——尤其是自己特别想要得到的东西，人们就很容易将想象和现实混为一谈。许多人希望现实世界中能有人工智能的东西出现——他们多半就是想要一个能满足所有需求的机器人管家。（我承认，我在读大学的时候也常常跟同学深夜卧谈机器人管家的可行性和伦理考量。）有太多的人对于技术的期待，是极度希望好莱坞机器人的想象能够成真。脸书的马克·扎克伯格就曾开发过一个基于人工智能的家庭自动化系统，他将其命名为"贾维斯"。

我曾在纽约媒体实验室的一次年度研讨会上遇见过一个混淆人工智能的现实和想象的绝佳例证。那是一个适合成人的科学展览，当时我正在展示我做的一个人工智能模型。我有一张桌子，上面有一台显示器和一台笔记本电脑。离我大概一米远的地方，有一个艺术院校的本科生在演示他做的数据可视化作品。当人群散去时，我们闲了下来，于是开始聊天。

"你那个是什么项目？"他问。

"是一个人工智能工具，可以帮记者在竞选财务数据中快速高效地发现新的报道切入点。"我回答。

"哇，人工智能！"他说，"这是那种真正的人工智能吗？"

"那当然了。"我说。他这句话说得让我有点不高兴，我想：如果我没有做出一款真正能用的软件，怎么会花一整天在这儿摆摊演示呢？

他走到我的展示台边，开始近距离观察我那台连着显示器的笔记本电脑。"它是怎么工作的？"他问。我用了三句话向他解释我的作品（本书第 11 章中会做详细的解释）。他看起来很疑惑，而且有一点失望。

"哦！所以这并不是真正的人工智能？"他问道。

"不，这就是真正的人工智能，"我说，"而且做得相当好。你应该知道，人工智能不是做一个仿真人放在机器里面。那种东西是不存在的，从计算上讲是不可能实现的。"

他的脸一沉。"我还以为人工智能是那样子的。我听说过 IBM 的沃森系统，还听说过一台打败围棋冠军的计算机，还有自动驾驶汽车。我以为他们发明了真正的人工智能。"他看起来很沮丧。我意识到，他一直在看着我的笔记本电脑，因为他以为机器里面有东西——他以为的那种"真正的人工智能"。一想到我用几句话就打破了他的幻想，我感到很抱歉，于是赶紧把对话转移到一个比较中立的话题——即将上映的《星球大战》这部电影上，才让他高兴起来。

我一直忘不了那次谈话，因为它帮我记住了计算机科学家和普罗大众（包括从事技术工作的大学生）对人工智能的看法的不同。

广义人工智能是好莱坞式的人工智能，与好莱坞电影里那些有知觉的机器人（有些可能想要统治世界，有些可能不想，它们都属于这一类人工智能）、内置意识的计算机、永生，或者那些像人类一样"思考"的机器有关。狭义人工智能则不一样，它是一种用于预测的数学方法。很多人会将两者混为一谈，甚至那些专门搭建技术系统的人也时有混淆。我再强调一次：广义人工智能是人们想要的，是梦想；狭义人工智能是我们真正拥有的，是现实。

我们可以这样理解人工智能的概念：狭义人工智能能回答任何一个答案基于数字原理的问题，而且可以给出最有可能正确的答案。人工智能的一切都跟定量预测有关，它其实就是加强版的统计工具。

狭义人工智能的工作原理是分析一个已知的数据集，在数据集中识别数据模式和事件概率，并把这些数据模式和事件概率编写成计算模型。所谓计算模型，就是这样一种黑盒子——只需扔数据进去，它就能吐出答案。我们可以用人工智能编写的计算模型来处理新数据，从而得出可做预测的数值解。比如，纸面上这个潦草的字母有多大可能是"A"，或者一个已知客户有多大可能会准时还银行贷给他的按揭款，又或者在某局井字棋、跳棋或国际象棋里，怎么走下一步棋是最好的。机器学习、深度学习、神经网络和预测分析都是时下流行的狭义人工智能概念。现今每一个人工智能系统的工作原理都有合乎其逻辑的解释。理解它们的计算逻辑就能揭开人工智能的神秘面纱，就如拆开电脑可以了解硬件一样。

人工智能多用在游戏领域。这倒不是因为游戏和人工智能之间有什么内在联系，只是因为计算机科学家们对某些游戏和解谜游戏有偏好而已。比如国际象棋、围棋和双陆棋就都很受他们的欢迎。上维基百科网站随便翻看一些著名的风险投资家、科技巨头的介绍页面，你会发现，他们大部分人从小就是《龙与地下城》的游戏迷。

自从艾伦·图灵在一篇发表于 1950 年的论文中首次提出"图灵测试"的概念之后，计算机科学家们都用国际象棋作为机器"智能"的标志。半个世纪以来，人们一直在尝试制造一台可以打败人类棋手的机器。最终，IBM 的"深蓝"在 1997 年击败了国际象棋冠军加里·卡斯帕罗夫。2017 年，人工智能程序 AlphaGo 以 3 比 0 打败围棋世界冠军柯洁，它常常被当作例子，以佐证广义人工智能将在未来若干年内实现。但是，如果仔细观察 AlphaGo 的程序以及它的文化背景，就会发现事情绝非如此。

AlphaGo 是由人类编写的、在硬件上运行的程序，就像你在第 2 章中写的"Hello，world"程序一样。AlphaGo 的开发者在 2016 年发表于国际科学期刊《自然》的论文中解释了它的工作原理。[1] 论文开篇就说道："所有完美信息博弈都有一个最优值函数 $v^*(s)$，它能从玩家落子的位置（或状态 s）推断出在所有参与博弈的玩家都做到了完美表现的情况下，博弈的结果将是什么。要解决这些博弈游戏，可以通过在搜索树中递归调用最优值函数（搜索树含有大约 b^d 个可能的行动序列，其中 b 表示博弈的宽度，即每一步棋的合法落子个数，d 则表示博弈的深度，即博弈的步数长度）。"对于受过多年高水平数学训练的人来说，这段表述非常清晰，但大多数人还是希望能用更加浅显直白的语言来解释。

要理解 AlphaGo 的原理，可以从井字棋下手。大多数小孩子玩这个游戏都很厉害。如果你开局先落子，并且选择落在九宫格中间的那一格，通常最终要么是你赢，要么是和局。先落子的一方有先发优势：你有五步棋，对手有四步棋。很多小孩子就很直观地抓住了这个要领，每次跟容宠他的大人下井字棋，都要抢做先手。

要编写一个井字棋游戏程序让人类棋手玩，也相对简单。第一个井字棋程序诞生于 1952 年。你可以部署一个算法模型，即一组规则或步骤，让计算机在游戏中一直赢棋或和局。跟 "Hello，world"一样，编写井字棋程序在基础计算机课程中也是常见的练习。

围棋跟井字棋一样，也是在网格上玩的游戏，但围棋要复杂得多。两位棋手分别执黑子或白子。初学者通常使用 9 路棋盘，即纵横各 9 条垂直交叉的平行线；高阶棋手则使用 19 路棋盘。执黑子的棋手先下，将棋子落在两根垂直线的交叉点上。执白子的棋手后下，将棋子落在其他交叉点。两位棋手轮流落子，目标是将对方的棋子围住，踢出棋盘外。

围棋已经有 3 000 年历史了。至少从 1965 年起，计算机科学家和围棋爱好者就一直在研究围棋的技巧模型。第一个计算机化的围棋程序诞生于 1968 年。现在，计算机科学界有一个子领域专门研究围棋。这个领域的名字毫不出奇，就叫计算机围棋。

多年来，计算机围棋棋手和研究者收集了大量棋谱。一份典型的计算机棋谱，大概是下面这个样子：

(;GM[1]

FF[4]

SZ[19]

PW[Sadavir]

WR[7d]

PB[tzbk]

BR[6d]

DT[2017-05-01]

PC[The KGS Go Server at http://www.gokgs.com/]

KM[0.50]

RE[B+Resign]

RU[Japanese]

CA[UTF-8]

ST[2]

AP[CGoban:3]

TM[300]

OT[3x30 byo-yomi]

;B[qd];W[dc];B[eq];W[pp];B[de];W[ce];B[dd];W[cd];B[ec];W[cc];B[df];W[cg];B[kc];W[pg];B[pj];W[oe];B[oc];W[qm];B[of];W[pf];B[pe];W[og];B[nf];W[ng];B[nj];W[lg];B[mf];W[lf];B[mg];W[mh];B[me];W[li];B[kh];W[lh];B[om];W[lk];B[qo];W[po];B[qn];W[pn];B[pm];W[ql];B[rq];W[qq];B[rm];W[rl];B[rn];W[rj];B[qr];W[pr];B[rr];W[mn];B[qi];W[rh];B[no];W[on];B[nn];W[nm];B[nl];W[mm];B[ol];W[mp];B[ml];W[ll];B[np];W[nq];B[mo];W[mq];B[lo];W[kn];B[ri];W[si];B[qj];W[qk];B[kq];W[kp];B[ko];W[jp];B[lp];W[lq];B[jq];W[jo];B[jn];W[in];B[lm];W[jm];B[ln];W[hq];B[qh];W[rg];B[nh];W[re];B[rd];W[qe];B[pd];W[le];B[md])

对人类来说，这些文本可能看起来像是天书。但它们是高度结构化的，非常方便机器处理。这种格式叫作 SGF，即智能游戏格式（Smart Games Format）。这段文本表明了棋手的身份、棋局进行的地点、棋手每一步棋的落法和棋局的终局结果。

后面大块的文本区域记录了棋手的所有步数。棋盘上所有纵列从左到右、横行从上到下按顺序标上字母。在这局棋里，黑方（即 B）先行，在列 q 和行 d 的交叉点落黑子，记为";B[qd]"。后面的";W[dc]"表示白方（即 W）在列 d 和行 c 的交叉点落白子。后面每一步棋都以这种格式记录。这局棋的终局结果（RE）是"RE[B+Resign]"，表示黑方中途认输。

AlphaGo 的设计者们积累了庞大的数据集，里面有 3 000 万个 SGF 棋谱文件。这个数据集不是随机生成的，而是由真人对弈产生的。只要有业余围棋爱好者或职业棋手在网上玩围棋游戏，他们落棋的数据就会被存储起来。要做一个围棋电子游戏不难，网上就有许多版本的教程和免费代码。所有电子游戏都可以保存游戏数据，这是毋庸置疑的。但是有些会保存，有些不会保存。有些游戏会将数据保存下来，在公司内部用作汇报材料。运营不同在线围棋游戏网站的人决定打包他们保存的游戏数据，在网上公开。最终，这些数据包被收集到一起，成了 AlphaGo 团队的 3 000 万局棋的数据。

程序员们就是用这 3 000 万局棋的数据，来"训练"这个被他们命名为"AlphaGo"的模型。要记住，专业的棋手会花大量时间在电脑上下围棋。这是他们的训练方式。因此，3 000 万局棋的数据里面就有世界顶尖棋手的数据。人类投入了几百万个小时的劳动，才创建了这些训练数据。大部分关于 AlphaGo 的报道，却只关注它那神奇的算法，而不关注多年来在幕后默默无闻并且无偿创建训练数据的人。

程序员们让 AlphaGo 使用一种叫作"蒙特卡洛搜索"（Monte Carlo search）的方式，从 3 000 万局棋的数据中挑出一组比较可能赢棋的棋步。然后，他们让 AlphaGo 使用一种算法，从这组棋步中挑选下一个棋步。此外，他们还让 AlphaGo 使用另一种算法，计算出每一步可能的走棋导致赢棋的概率。这些计算的规模是人类的大脑无法想象的。围棋一共有 10^{170} 种可能的棋面。AlphaGo 将大量计算方法层叠在一起，每一步棋都选择赢面最大的走法。设计师们就是这样，做出了这个打败世界顶尖围棋棋手的程序。

AlphaGo 是不是很聪明？它的设计者肯定是很聪明的。他们解决了一个难度极高的数学题，几十年来，最聪明的人类都在试着解决这个问题。数学最了不起的一点，就是它可以让你看到这个世界运行的底层规律。许多事情的运行都是按照数学规律来的：水晶按规则的形状生长，蝉卵在地下休眠，直到土壤温度合适才出土，等等。AlphaGo 得益于计算机硬件和软件的非凡发展，它是一个非凡的数学成就。AlphaGo 的设计团队获得如此杰出的技术成就，值得称道。

但是，AlphaGo 并不是一台智能机器。它没有意识。它只会做一件事：玩电脑游戏。它内置了来自业余围棋爱好者和世界顶尖棋手的 3 000 万局棋的数据。在某种程度上，它是极其愚蠢的。它利用蛮力和许多人的共同努力，来打败一个围棋高手。AlphaGo 的程序及其底层的计算方法很有可能会被应用到其他涉及大规模数字处理的有用项目中。这样做对这个世界来说是好事。但是，并不是世界上的所有事情都跟计算有关。

　　一旦了解 AlphaGo 这种程序在数学和物理方面的本质，我们就会陷入对哲学和未来的思考。这是非常不同的知识领域。未来主义者希望历史进入人类与机器融为一体的新时代，而 AlphaGo 恰是他们眼中这一时代开始的标志。然而，特别想要某事发生，不代表这件事就真会发生。

　　在哲学领域，关于计算和意识之间的区别有许多有趣的问题可以探讨。很多人都熟悉"图灵测试"。虽然它的名称听起来像是一场为计算机设计的问答测试，只要计算机通过，就能被视作拥有智力，但事实并非如此。图灵在论文中提出了一个人类与机器对话的思想实验。他认为"机器能够思考吗"这个问题是无稽的，还说最好是用民意调查来回答这个问题。（图灵在数学方面有点自命不凡。跟当时许多数学家和现在少数数学家一样，在图灵眼里，数学要优越于其他知识学科。）因此，他没有给出答案，而是提出了一个游戏——"模仿游戏"。这个游戏需要三个人完成：一个男人（A）、一个女人（B）和一个询问人（C）。C 单独待在一个屋子里，用打字机打印出问题，提交给 A 和 B。图灵写道：

　　　　游戏的目标是询问人判断出外面的人哪个是男人，哪个是女人。询问人用标签 X 和 Y 表示那两个人。在游戏的最后，询问人要说出"X 是 A，Y 是 B"或者"X 是 B，Y 是 A"这样的结论。[2]

　　接着，图灵将询问人可以问的问题类别做了说明。其中有一道问题是头发的长度。A 的目标是努力使询问人做出错误的假设，并且愿意说谎。B 的任务是帮询问人获得答案，她可以告诉询问人她就是那个女人——但是 A 可以说谎，说同样的话。他们的回答是写下来的，这样就可以保证回答的声音和语气不会影响询问人的判断。图灵这样写道：

> 现在我们要问这样一个问题："如果用一个机器人担当 A 的角色，会发生什么？"与跟两个人类玩这个游戏相比，询问人判断错误的频率会不会发生变化？这些问题取代了我们原先的问题——"机器能够思考吗？"

如果询问人无法分辨出某一个回答是来自人类还是机器，那么这台机器就可被视作"能够思考的"。多年来，这都是计算领域中的基础共识。有许多论文尝试对图灵在论文中提出的设想做出响应，也有人尝试制造一台能够按图灵的设想运行的机器。但是，图灵的问题规范跟我们如今对性别的理解有所出入。性别不再是二元的，而是一个连续体。头发的长度不再是男性或女性的标记，任何人都可以剪短发。图灵还写道："第三位参与者（B）的任务是帮助询问人得到答案。"在这个游戏中，为什么非得要女性参与者来帮助询问人？这可太讨厌了。

图灵论证的哲学基础是不牢靠的。对此，最令人信服的反论证之一是哲学家约翰·塞尔提出的一个思想实验——中文房间（Chinese Room）。塞尔在 1989 年《纽约书评》杂志的一篇文章中总结道：

> 数字计算机是一种只会处理符号，但并不理解符号的含义或解释的设备。人类则不同，人类在思考时要做的事情远不止

这些。笼统地讲，人脑中有带意义的想法、情感和精神内容。形式化的符号本身是不足以形成精神内容的，因为它们本质上就没有任何含义（或解释，或语义），除非在符号系统以外，由人类为它们赋予意义。

要明白这个道理，你可以设想这样一个场景：一个只会讲英语的人被锁在一个房间里，他随身有一本处理中文符号的规则手册。理论上，他可以通过图灵测试，让外面的人以为他懂中文，因为他能够使用中文符号回答中文问题。但事实上，他一个中文字都不懂，因为他根本不认识那些中文符号。但是，假如说运行这个"懂中文"的计算机程序（即规则手册）并不能使房中人懂得中文的含义，那么任何一台数字计算机也不可能获得理解力，因为计算机并没有比房中人多出什么能力。[3]

塞尔主张处理和运用符号不等于理解符号，这一点可体现在现今大热的语音交互技术上。语音接口在 2017 年非常时兴，但它们还远远不够智能。

亚马逊的 Alexa 和其他语音交互产品都不懂任何语言。它们只是按照预先编好的一系列规则，对用户的语音指令做出响应。"Alexa，播放《加州女孩》"就是一条计算机能够理解的口令。"Alexa"是一个触发词，它告诉计算机接下来有一条命令。"播放"也是一个触发词，它表示"在存储器里检索一个 MP3 文件，并且将'播放'命令以及检索到的 MP3 文件名称一同发送给预先设置好的音频播放器"。程序还设定了让语音接口采集"播放"后面出现的内容，直到用户的语音出现停顿（表示语音命令结束）。"播放"后的内容会被放入一个变量中，比如"songname"（歌名）。然后，变量 songname 就对存储器进行检索，并且将结果传给音频播放器。这一切都是依照预编程序行事的，对人类不具任何威胁，人类也完全无须担心机器将崛起并接管世界。更何况，现在的计算机都无法准确地分辨出你所指的是凯蒂·佩里的《加州女孩》还是海滩男孩乐队的《加州女孩》。事实上，这个问题是以人气比拼的方式来解决的。在检索到的结果列表中，被 Alexa 用户播放的次数最多的那一首歌，就会被当作默认选项。这对凯蒂·佩里的粉丝来说是好事，对海滩男孩乐队的粉丝就未必了。

我希望你在阅读本书的过程中，将狭义人工智能和广义人工智能这两种不同的概念以及技术的局限性都熟记于心。在本书中，我们会一以贯之，待在现实的框架内：一个将不智能的计算机器叫作"智能机器"的世界。不过，我们也会探讨，我们对人工智能那种强劲、奇妙而又刺激的幻想如何在我们谈论计算机、数据和技术时把我们搞糊涂。另外，如果你碰到同事声称机器里有鬼的谬论，我希望你们不要像那位在科学展览上的艺术院校的学生那样对此感到失望。毕竟现实就是这样，计算机里面确实没有藏着小人，也没有什么仿真大脑。遇到这种情况，你可以为此难过，因为你一直梦想的东西是不可能实现的。你也可以为此激动，并且欣然接受人工设备（计算机）与真正的智能生物（人类）同步配合运行而给现实带来的可能性。我更喜欢后者。

第 4 章

你好，数据新闻学

我们正处在一个激动人心的历史转捩点，每一个领域都在进行计算化和数据化的变革。现在已经出现了计算社会科学、计算生物学、计算化学或其他数字人文学科。视觉艺术家使用诸如 Processing 之类的编程语言来创建多媒体艺术作品。3D 打印技术让雕塑家能够更深入地探索艺术的物理可行性。想想已取得的进展，就已经很让人激动了。然而，虽然生活已走向计算化，人们却一点也没有变。公开了政府数据，不代表消灭了腐败。由科技促进的"零工经济"与工业时代初期以来的劳动力市场存在完全相同的问题。传统记者调查社会问题，是为了推进正面的社会变革。在如今的计算化和数据化世界中，调查性新闻的实践必须依靠高科技。

有许多人拓宽了新闻学中应用技术的边界，他们称自己为"数据记者"。"数据新闻学"这个词有点笼统。有些从业者从事数据可视化的工作。《纽约时报》的《结语》（The Upshot）栏目的编辑阿曼达·考克斯就是视觉新闻这一领域的专家。她在 2012 年*的报道

---

* 根据《纽约时报》网络资料，阿曼达·考克斯的这篇报道发表于 2008 年。——译者注

《细解通货膨胀》（"All of Inflation's Little Parts"）为她赢得了美国统计协会的统计新闻报道奖。这篇报道以美国劳工统计局每月编纂的消费价格指数（CPI）为基础数据作为衡量通货膨胀的指标。在这篇报道的图形中，有一个半圆被拆分成很多彩色马赛克形状的图块。每个图块的尺寸分别对应美国当年消费商品领域的比例。

其中，有一个图块表示汽油占消费额的 5.2%。汽油消费所属的大类——交通，占人均收入的 18%。鸡蛋的占比小一些，在占总额 15% 的食品饮料类别中颇为抢眼。"澳大利亚高昂的原油价格和干旱，是导致食品价格上涨速度超过 1990 年的原因之一。"考克斯在文章中说，"欧洲对鸡蛋的高需求也对这一类商品的价格产生了影响。"[1] 她的文章和这些吸睛的图形为人们打开了一扇窗，让我们可以了解全球居民如何通过一张复杂的贸易网络连接在一起。鸡蛋也是全球化商品？当然了！如今的国家已经不再自己生产所需的全部食品了，食品市场贸易已经全球化了。澳大利亚西部有一条巨大的小麦带。根据澳大利亚政府农业、渔业和林业部门的数据，2010 年到 2011 年，澳大利亚的食品出口额高达 271 亿美元。当时，小麦带遭遇干旱，产量下降。美国的家禽饲料以谷物为主，玉米是首选。但如果小麦的价格比玉米的价格低，农场主就会优先选择小麦。全球小麦供应量减少，意味着小麦的价格变高。那么，家禽养殖户要么为小麦支付高价，要么转而购买同样昂贵的玉米。如果养殖户选择了高价饲料，他们会将成本转嫁到下游，从而提高鸡蛋的价格。而超市的消费者就是成本转嫁的对象。这些数据可以让我们了解澳大利亚的干旱是如何导致北美超市的鸡蛋价格上涨的。这也是一篇关于全球化、万物互联，以及气候变化对环境影响的优秀报道。考克斯深谙世界上复杂系统的运作原理，她运用讲故事的技巧、技术能力，加上敏锐的设计意识，创作了这样一个令人赏心悦目的基于数据和计算的作品。这个作品既有干货，又吸引眼球。

其他数据记者也一样，自己收集并分析数据。2015 年，《亚特兰大宪政报》（Atlanta Journal-Constitution）收集了有关医生性侵患者的数据。该报的一位调查记者发现，在佐治亚州，每三名因与病人发生不当性行为而受处罚的医生中，就有两名被允许再次执业。这个发现本来已经足够了，但是这位记者想知道，佐治亚州的这一情况是典型案例还是不寻常案例。于是，他们组织了一个调查小组。调查小组搜集了美国各地的数据，分析了 1999 年到 2015 年超过 10 万份针对医生的医委会调查令。他们的发现令人咋舌——全国各地都有医生因虐待患者而获罪，却又获准恢复行医资格。其中最糟糕的一则案例可谓骇人听闻，一名儿科医生厄尔·布拉德利曾用棒棒糖麻醉了 1 000 多名儿童，并在视频中对他们做出猥亵行为。2010 年，他被指控犯有 471 项强奸罪和猥亵罪，并被判处 14 项终身监禁，不得假释。谢天谢地，《亚特兰大宪政报》的报道引发了人们的关注，并且带来了积极的制度变革。[2]

在佛罗里达州，《太阳先驱报》的数据记者曾坐在高速公路边，记录警车经过的时间；后来，他们要求从收费站的警察应答器中获取数据，发现当地警察普遍以危及公民安全的高速行驶。调查结束后，警察超速驾驶的比例下降了 84%。这一戏剧性、积极的公众影响使该报道获得了 2013 年普利策公共服务奖。[3] 佛罗里达州有很多优秀的数据新闻。首先，他们叙事的方式是无穷无尽的。"佛罗里达州早已超越加州，成了一个稀奇古怪、异乎寻常、莫名其妙的地方。"2013 年，杰夫·库纳思在《奥兰多哨兵报》（Orlando Sentinel）中写道。[4] 美国政府的一举一动在默认情况下都是公开的，而佛罗里达州还有"阳光法律"，保证公众可以访问这些资料，也保证了相关磁带、照片、影片和录音都是公开的。大限度地公开档案法条意味着人们可以轻易获取政府的官方数据，这也就意味着大量数据新闻都与佛罗里达州有关。

有些数据记者会从官方渠道获取数据，并对其进行分析，以找到看点。这些看点可能会揭露一些令人不快的真相。比如有这样一个成功的学产合作案例，斯坦福大学数据新闻实验室的数据记者谢里尔·菲利普斯组织过一个课程项目，她的学生申请查看了 50 个州的警察对公民的截停记录数据。他们分析了全国范围内的情况，并在网上公布了调查结果，供其他记者取用。斯坦福的记者和其他记者都发现，在每个州，有色人种被警察截停的情况都要比白种人多得多。[5]

数据新闻学还包括对算法的问责报道，这正是我所从事的领域的一角。算法，或计算过程，正被越来越多地用于替代我们做决策。算法决定了我们在网上购物时看到的订书机的标价，也决定了我们购买医疗保险的价格。当你通过线上招聘网站提交求职申请或投递简历时，就会有一个算法决定你是否符合标准，符合则交由人类做下一步评估，否则直接回绝你的申请。在民主政体中，新闻自由的职能一直是问责决策者。而算法问责报道也承担着同样的职能，并将其应用到计算世界。

2016 年非营利机构 ProPublica 的"机器偏见"调查就是一个典型的例子。[6] ProPublica 的记者发现，司法量刑使用的一种算法对非裔美国人有偏见。警察会让被逮捕者填写一张问卷，然后将答案录入计算机。计算机中一个名为"替代性制裁惩教罪犯管理"（Correctional Offender Management Profiling for Alternative

Sanctions，简称 COMPAS）的算法，会计算出一项分数，"预测"出该疑犯在未来犯罪的可能性。这个分数是给法官做参考的，目的是让法官能够在量刑时做出更为"客观"且由数据驱动的决定。然而，其结果是非裔美国人获得的刑期比白种人更长。

显然，技术沙文主义蒙蔽了 COMPAS 的设计者，他们意识不到他们的算法可能会对人们造成怎样的伤害。如果你相信计算机做的决定比人类做的决定更高明，那么就代表你全然信赖那些输入系统的数据的有效性。人们常常忘记"无用数据入、无用数据出"这个原则——如果你输入的是垃圾，那么输出的也一定是垃圾。如果你特别希望计算机是正确的，那就更容易忽视这一原则。我们要对这些算法以及算法的制作者存疑，看算法是在让世界变得更美好还是更糟糕，这一点非常重要。

在新闻报道中使用数据不是什么新鲜事，这件事要比大多数人想象的更早。最早由数据驱动的调查报道出现在 1967 年。当时，菲利普·迈耶使用社会科学的研究方法和一台大型计算机，为《底特律自由报》分析了有关底特律种族暴动的数据。迈耶在报道中写道："在社论作者中间流行这样一个理论，说在底层经济阶层，暴动者是最失意和无助的，他们是因为没有其他出路或无法表达诉求才闹事的。这一理论其实并未得到数据支持。"[7]迈耶进行了一场大规模调查，并使用大型计算机对结果进行了统计分析。他发现，暴动的参与者来自社会各阶层。他的这篇报道获得了普利策新闻奖。迈耶把新闻报道中社会科学对数据的应用称为"精确性报道"。

后来，台式计算机进入了新闻编辑室，记者们开始使用电子表格和数据库来跟踪数据，挖掘新闻。"精确性报道"也就演化成了"计算机辅助报道"。计算机辅助报道是电影《聚焦》（*Spotlight*）中使用的新闻调查类型。这部电影的原型是《波士顿环球报》(*Boston Globe*)获得普利策新闻奖的调查故事——对性侵儿童的天主教牧师以及掩盖问题的多方势力的调查。为了跟踪数以百计的案件、数百名牧师和涉案教区，记者使用了电子表格和数据分析技术。在 2002 年，这是最先进的调查手段。

随着互联网的发展和新数字工具的诞生，计算机辅助报道又演化成如今的"数据新闻"，包括视觉新闻、计算新闻、绘图、数据分析、机器人构建和算法问责报告（当然还有其他许多内容）。数据记者首先是记者。我们使用数据作为原始资料，使用各种数字工具和平台来讲述新闻。这些故事有时是爆炸性新闻，有时是娱乐性新闻，有时是调查性新闻。这些新闻的信息量通常都很大。

成立于 2008 年的 ProPublica 与《卫报》一直是这个领域的领先者。[8] ProPublica 由《华尔街日报》资深记者保罗·斯泰格尔创办，并得到了慈善组织的支持，很快就成为调查性新闻界的巨头。斯泰格尔有很深厚的调查从业背景：1991 年到 2007 年，他担任《华尔街日报》的执行主编，在此期间，该报新闻编辑部的成员一共获得 16 次普利策新闻奖。2010 年 5 月，ProPublica 的记者初次斩获普利策奖，此后又多次获奖。2011 年，他们获得普利策国内报道奖。这个奖项在此之前从未颁发给非刊印版的新闻报道。

普利策的许多获奖项目都与数据新闻沾边，要么报道内容包括数据新闻，要么团队中有数据新闻记者。记者兼程序员阿德里安·霍洛瓦蒂创建了一个名为"Django"的程序框架，许多新闻编辑室都在使用。2006 年 9 月，霍洛瓦蒂在网上发表了一篇振聋发聩的文章——《新闻网站必须做出这项基础变革》("A Fundamental Way Newspaper Sites Need to Change")。[9] 他主张新闻编辑室要超越传统的新闻报道模式，将结构化数据融入记者的工作方式中。他这篇激昂的文章，是马特·韦特和他的团队创建"政治事实"（PolitiFact）网站的源头。2009 年，这个网站获得了普利策奖。韦特谈到网站的发布时写道："这个网站将简单而古老的传统报纸概念从本质上完全重新设计了一通。我们有政治'真相小分队'，一名记者盯一个竞选广告或者竞选演说，进行事实核查，然后报道出来。我们采取传统的报纸概念，掰开揉碎，重新组装成一个由数据驱动的网站，并且对 2008 年的总统大选做了报道。"[10]

霍洛瓦蒂接着又创建了 EveryBlock，这是一个整合犯罪数据和地理定位的新闻应用程序先驱。它是第一个使用谷歌地图 API 的程序。在此之后，谷歌地图功能就对所有人开放了。[11]

2009 年，《卫报》开始踏足数据新闻。当时，《卫报》的一群记者和程序员发动读者，通过众包的方式研究了 45 万条英国国会议员的开支记录。此前曾爆出国会议员挪用财政资金支付家庭和办公费用的丑闻。《卫报》为此另辟蹊径，组织了这场众包式调查。《卫报》团队积累了使用算法分析大量泄露文件的专业经验，后来，他们用这种方法分析了阿富汗和伊拉克的战争日志。[12]

数据新闻领域有一个重要项目，是《华尔街日报》对价格歧视现象的调查。[13]诸如史泰博和家得宝之类的大型连锁超市在他们的网站上，会根据邮政编码判断访客可能所在的地区，并且对不同地区的访客收取不同的价格。通过使用计算分析工具，记者发现，邮政编码所在地区较富裕的顾客比邮政编码所在地区较贫穷的顾客收费低。

学术研究是数据新闻的重要补充。数据记者倾向于依赖既定的学术研究方法。作为一名好记者，首先要知道何时求助于相关学科的专家；其次要认清专家和骗子的区别。数据记者综合了各种领域的专业知识。2008 年，佐治亚理工学院教授伊尔凡·艾萨组织了第一次计算 + 新闻研讨会。在这个年度活动中，记者们与来自通信、计算机科学、数据科学、统计、人机交互、视觉设计等领域的研究人员聚集在一起，分享他们的研究，并促进理解。会议的联合创始人之一、西北大学教授尼古拉斯·迪亚科普洛斯写了很重要的论述，指出逆向工程算法是算法问责决策者的一部分。他在论文《算法的责任——计算结构下的新闻调查》（"Algorithmic Accountability: Journalistic Investigation of Computational Power Structures"）[14] 中，描述了他和其他记者在研究算法黑匣子时的工作。

2012 年，C. W. 安德森发表了研究论文《关于计算与算法新闻的社会学》（"Towards a Sociology of Computational and Algorithmic Journalism"）[15]，他将迈克尔·舒德森于 2007 年至 2011 年在费城一家报社进行田野调查时总结出的四种从民族志的角度研究新闻数据的方法结合起来。尼基·厄舍在她的《互动新闻：黑客、数据和代码》（Interactive Journalism: Hackers, Data, and Code）[16] 中也为民族志研究法提供了一些新的脉络。这本书基于她所做的田野调查以及她在《纽约时报》《卫报》、ProPublica、纽约公共广播电台、美联社、美国国家公共广播电台和半岛电视台英语频道的一些访谈编写而成。辛迪·罗亚尔关于记者编写代码[17]的研究非常重要，这有助于理解记者在工作时如何高效利用计算机程序，理解新闻院校如何将计算机技能融入课程。在 2016 年的著作《民主侦探》（Democracy's Detectives）中，詹姆斯·T. 汉密尔顿概述了数据驱动的调查性新闻对公众利益的重要性，以及这种公共服务的成本。影响力大的调查数据新闻报道的制作成本高达数十万美元。汉密尔顿写道："制作故事可高达数千美元，但它为整个社区带来的利益高达数百万美元。"[18]

2010 年，蒂姆·伯纳斯-李强调了数据新闻领域需要数据支撑。他说道："记者需要成为数据的行家。以前，记者去酒吧跟人聊天就能挖掘到新闻。现在，他们有时还是会这样干。但是，如今做新闻还得学会阅读数据，使用工具来分析数据，并且找出其中有意思的部分。此外，不偏不倚地看待数据分析结果，并且按最合适的方式整合数据，把握国内现状，从而真正去帮助人们。"[19] 2012 年，纳特·西尔弗发布 FiveThirtyEight.com，并且出版了《信号与杂音》（*The Signal and the Noise*）一书。此时，"数据新闻"这个词语已经在调查记者中广泛传开了。[20]

计算机在发展，而人类的本性却没有进化。人只有被监督，才能真正诚实。我希望本书能让你学会像数据记者一样思考，这样，你就可以质疑技术上的虚假说辞，发现当今计算系统中的不公与不平等。运用记者这一职业的怀疑特性来质疑可能的错漏之处，能让我们远离盲目的技术乐观主义，让我们的看法变得更加合理和中立。我们的生活才能因技术而变得更好，而不至于受到技术的牵制，或需要对技术做出让步。

第二部分

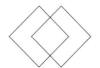

计算机不起作用之时

## 第 5 章

为什么穷学校无法在标准化测试中获胜

机器、代码和数据结合起来可以产生惊人的、令人兴奋的视野。掌握正确的数据分析能力，可以增加收入，提高决策能力，或者帮你摆脱单身——至少人们是这样认为的。对数据的信仰，要数教育界最为虔诚。2009 年，美国教育部长阿恩·邓肯告诉一群教育研究员："我对数据推动决策的力量深信不疑。数据为我们画下了改革的路线图，能让我们知道我们如今在哪里，我们需要往哪里去，以及谁会面临最大的危险。"[1]

然而，若相信单靠数据就能解决社会问题，可就太天真了。我在尝试使用大数据帮我们当地的公立学校改善情况的时候，发现了这一点。那一次尝试失败了。我失败的原因，与当下信奉技术专家治理理论的美国标准化测试教育系统注定失败的原因如出一辙。

我儿子读一年级的时候，有一天，我给他辅导功课，这让我感觉很头疼。当时，他说："我要写出一些自然资源的名称。"

我说："比如空气、水、石油、天然气和煤。"

"我已经写了空气和水了，"他说，"石油、天然气和煤不是自然资源。"

"它们当然是自然资源，"我说，"它们是不可再生的自然资源，但它们也是自然资源啊。"

"但老师给的标准答案里面没有这几项。"

在养育孩子的过程中，很多时候我会感到力不从心，但当时的感觉像是一个认识论上的困境。我脑中的常识（以及互联网）告诉我，有许多可能的"正确答案"。但是，只有其中一个答案能让他在作业中得到满分。

我看了看练习题本。上面还有一头牛和一把雨伞的图片。我说："牛可不是自然资源。"

"动物就是自然资源。"他说。

"牛是大自然的一部分，它们不是自然资源。"

"但老师说动物是自然资源。"

"老师也说雨伞是自然资源吗？"

"我想，老师指的是雨水吧。这一个我已经写下来了。"

"我们看看你的书吧。"我有点懊恼地说，"你们有练习题本，肯定有配套的教科书。"

"没有教科书。"儿子说，"不对，有那么一本教科书，但老师不让我们带回家。那是在课堂上用的。"

"老师在家长会上说过，教科书有线上的版本，她有没有给你们网址或者密码？"

"没有。"

于是，我花了一个小时试着侵入在线教科书网站，试着在网上找到盗版的教科书。可惜我运气不好，什么都没找着。

我知道，我儿子三年级就要开始参加标准化考试了。一年级的作业已经这么莫名其妙，我真的很担心他——还有其他的孩子，以后要怎么应付考试呢?

我一直在和公民黑客打交道,他们会为了好玩而开发软件和处理政府数据。我决定试试,看我能不能根据我以前教过的一个热门 SAT 预备课程的经验,想出一个应对标准化测试的策略。其实,我就是试着去钻空子,去鼓捣宾夕法尼亚州学校考评系统(Pennsylvania System of School Assessment,简称 PSSA)中的三年级系统。那是整个州的学生都要参加的标准化测试系统。我和一个专业开发团队一起,设计了人工智能软件来处理可用的数据。

近年来,人工智能对记者来说越来越有价值。自动化写作帮助记者更高效地报道常规的体育新闻和商业新闻。机器学习帮助记者理解大型数据集,还衍生出了 Overview Project 或 DocumentCloud 这样的文档分析工具。当时,我对人工智能的另一方面很感兴趣,我觉得这个方面可以帮助记者在数据中挖掘新闻,那就是专家系统。所谓专家系统,最初的设想类似一名装在盒子里对外输出建议的人类专家。可惜,这个系统从未行得通。认知力和专业知识太过复杂,无法用二进制计算机(我们现在使用的计算机本质上就是二进制计算机)映射到自动化程序上。然而,我的研究表明,专家系统这一概念其实可以改良,用于公共事务的新闻报道,以便记者能够快速有效地在大型公共数据集中挖掘到新闻。

于是,我设计并编写了软件来做必要的数据分析。我跟一些老师和学生谈了话,还参观了很多学校,多次旁听了学校改革委员会的会议。六个月后,我发现这个测试确实有空子可钻。但并不是专注对付标准化测试本身,而是使用一个技术含量低到不可思议的策略:读那些附有标准答案的教科书。

费城是美国第八大学区,它的学生绝大多数出身贫苦:2013 年,

79% 的学生符合减免午餐费用的条件。高中的毕业率只有 64%，而只有不到 50% 的学生在 2013 年 PSSA 中达到精通或以上的水平。

如果说费城的学校存在这样一个问题，那么全国其他大型城市的学校基本都存在同一个问题。纽约、华盛顿、芝加哥、洛杉矶和其他主要城市的学区都存在这样一个问题，就是许多学校没有足够的购书资金。费城学区曾在推特上发过一张令人振奋的照片，那是费城前市长迈克尔·纳特向三年级学生分发 20 万册图书的照片。不幸的是，让孩子们接触经典文学作品并不能提高他们糟糕的考试成绩。

这是因为，标准化测试考验的并不是学生的一般常识。我在调查中得知，标准化测试考验的是指定的一套书中指定的一些知识，而这套书就是设计测试的那些人编写的。

这一切都跟标准化测试的经济性有关。全国各地的标准化测试都来自三家公司：麦格劳-希尔教育集团、霍顿·米夫林·哈考特集团和培生教育集团。这三家公司的业务是编写测试的内容，给测试卷子评分，以及出版备考教材。根据新闻材料，霍顿·米夫林·哈考特集团占有 38% 的市场份额。2013 年，该公司的总收入为 13.8 亿美元。

同一年，宾夕法尼亚州与数据识别公司（Data Recognition Corporation，简称 DRC）签订了一份价值数百万美元的合同，让数据识别公司给 PSSA 试卷评分。数据识别公司和麦格劳-希尔教育集团签订了一份价值 1.86 亿美元的联邦合同，给美国其他地区的标准化测试出卷子和评分。同时，麦格劳-希尔教育集团也编写备考教材和课程，以供学校统一给学生购置。《每日数学》是费城大多数公立学校五年级使用的品牌教程，它就是麦格劳-希尔教育集团出版的。

简而言之，任何想让学生通过考试的教师都必须使用这三家大教科书出版公司出版的书籍。你可以看看其中一家公司出版的教科书，再看同一家公司的标准化测试题，感受一下它们的关系。三年级的学生都看得出来，有很多测试题跟教科书里出的题目是非常雷同的。事实上，2012 年，培生教育集团曾因在一次标准化测试中一字不改地使用了培生版教科书中的一个段落而成为众矢之的。

这个问题不仅体现在试题上，还体现在试题的标准答案上。2009 年，PSSA 有一道三年级的题目，要求学生写出一个三位数的偶数，并且解释自己是如何得出答案的。下面是取自宾夕法尼亚州教育部测试补充刊物的一个正确答案：

932 是一个偶数，你只要看它的个位数就知道了。如果个位数可以被 2 整除，那它就是偶数。一个数字的个位数是偶数，那这个数字就是偶数。

答案：
932

下面是一个部分正确的答案，这个答案只得了1分，而不是2分：

因为 200 是偶数，而且它有三位数。

答案：
200

　　第二个答案（200）也是正确的，但是三年级的学生缺乏具体的概念基础，无法解释为什么200是正确的。《每日数学》中就有对这种基本原理的详细阐述，三年级的学习指南中指导老师这样教导学生："奇偶因数和它们的乘积的关系有什么规则？你怎么知道这条规则是对的？"三年级的学生哪怕不用课本，也能学会分辨偶数和奇数，但要猜到出题人期望他们如何解释奇偶数的分辨方式，就一点儿也不简单了。实际上，这些测试是"狭义"的知识，而不是普通的常识。这个测试系统把孩子们当成了机器学习者，如果想要孩子面对问题时能回答出"正确答案"（这个学习目标令人存疑），那就要向他们输入正确的数据：课本上的数据。

　　K-12教育系统的老师跟大学教授不一样。大学教授只需要指定书单，让学生自己去购买；K-12老师必须给学生提供书本。但这件事并不简单，K-12老师并不仅仅为每一名学生订购教材。根据我参观学校和采访老师得到的信息，每一名学生每节课需要至少一本教科书和一本练习簿，还有一大沓老师从各种各样的网站上找来的练习题和项目作业（更别说装订夹、绘画纸、剪刀和其他项目材料了）。课本倒是可以循环使用，但前提是州教育局的标准没有改变——至少在过去10年里，他们年年都修改标准。

　　我意识到教科书和成功通过标准测试之间的直接联系之后，便尝试去找出费城有哪些学校缺失了三大出版公司的教科书。此外，我也非常好奇，究竟需要多少钱才能弥补这一缺口。

　　于是，我打算找费城学区办公室索要一个列有各所学校课程表的清单。如果我想知道学校应该使用什么教材，就得先知道学校要教什么课程。（如果使用的是诸如《今日数学》之类的品牌课程，学校就可以轻松下订单，还能谈下比较低的采购折扣。）

"我们没有你说的这个清单，"费城学区课程与发展办公室的一名行政人员告诉我，"没有这种清单。"

"那你们怎么知道每所学校都在教什么课程呢？"我问。

"我们不知道。"

电话里沉默了一会儿。

"那你们怎么知道各所学校都买齐了学生需要的教科书呢？"

"我们不知道。"

根据学区政策，每所学校都应将所有的图书记录在册，集中收录到一个名为"教材存储系统"的数据库中。"如果你把教材存储系统里那个书单给我，我可以使用逆向工程解读出来，把每所学校使用的教程做成清单给你。"我告诉那名行政人员。

"真的吗？"她说，"那太好了。我都不知道还能这样干！"

所以，我做了计算机程序员在这种情况下会做的事情：我做了一个解决方案。我写了一个程序，以查看费城每一所公立学校的数据，看看学校登记的图书数量是否等于学生数量。这次数据分析的结果是两者并不一致。一般学校拥有的图书数量只有学区推荐课程图书数量的 27%。根据学校自己的记录，至少有 10 所学校一本教材都没有。还有其他一些学校的教材已经完全过时了。

我参观了其中一些学校，询问学生，他们有多少机会使用课本。"我就读的高中是有课本的，但它们太旧了，像是从 20 世纪 80 年代留存到现在的。"刚从费城·所公立学校毕业的戴维这样跟我说。一所公立高中的三年级学生向我抱怨说，她的历史课本每一页都被以前的使用者画过不雅涂鸦。

我参观过帕伦博学院的代数课，那是一所颇受欢迎的精英中学。我向数学教师布赖恩·科恩展示了一些数据，他看起来相当惊讶。

帕伦博学院的记录显示，他们使用的教材是霍顿·米夫林·哈考特集团出版的《走捷径拿满分：微积分 AB、微积分 BC 备考指南》。尽管如此，系统中的书籍数量仍显示为"0"。

"这就奇怪了，"在我旁听完科恩的初级代数课之后，他说，"我不知道系统为什么说我们一本书都没有。"是不是那个品牌课程被学校选中了，但一直没订购？或者，学校已经订购了，但是途中被什么意外事件拦截了？

我问科恩能否带我去看看学校的书柜，他便把我带到走廊的另一头。在走过去的路上，我们遇到了一位教微积分的同事，便聊了起来。"你的教科书够用吗？"科恩问他。

"够用啊，"她回答道，"费城西部有所学校关闭了，我把他们的教科书都弄到手了。我有个朋友帮我牵的线。"但她用的不是《走捷径拿满分》，而是我的记录表格上没有的另一本微积分教科书。

科恩解释给我说，城市里的教师有这么一种地下经济。有些教师会四处奔忙谈判，就为了给学生买到课本、练习纸和课桌。他们会在业余时间上 DonorsChoose.org 之类的网站募捐，还会留意任何能从其他学校弄到的资料。费城教师联合会的一项调查显示，费城的教师平均每年要自费 300 美元到 1 000 美元，来补充他们每年仅 100 美元的教学用品预算。

科恩和我来到了数学系所谓的"书柜"。说是书柜，其实只是数学系主任办公室的一个小角落，而这个空空如也的办公室甚至上了锁。"这就是我们存放多余书籍的地方。"科恩指着两个矮小的木书架说道。地上有一个开着口的大小中等的箱子，科恩看了看箱子里面，说："哟，找到了，这些是高级微积分的课本。"原来，盒子里装满了崭新的《走捷径拿满分》。

这种意外本可以被简单地归咎于学校没有中心化计算系统。但问题是，他们还真有这么一套中心化计算系统，我看的就是用它打印出来的单子。清单上显示，帕伦博学院的书籍数量是 0，而在这个上了锁的办公室里，我们切切实实地看到有 24 本书被放在地板上的箱子里。

费城的学校并非只有教科书这一个问题，还有数据问题——其实数据问题就是人的问题。我们总把数据看作不变的真理，却忘记了数据是由人类创建的，数据收集也是人类所为。需要有血肉之躯的人类去数一数学校的存书数量，然后把数字输入数据库。通常，这些事情由行政助理或助教完成。但是，州政府在过去的几年里大幅削减了拨款，这意味着学区行政人员的数量随之减少。如果没有人来管理，再好的数据收集系统也是徒然。

曼哈顿学院负责财务的副校长、首席财务官，费城学区前首席财务官迈克尔·马施告诉我，他以前会定期派员工到学校做簿记工作和其他事情，帮忙不过来的校长减轻一些负担。"校长们不擅长管理财务，也不擅长管理学生。他们人手不足，在行政管理上需要帮手。"马施说，"如果校长不跟每位学生家长会面，不解决每一个问题，就会受批评。假如他们没有完成别人看不见的那些活儿，比如文书工作，也不会被通报批评。所以，他们会选择性地安排工作。"

说到课本短缺一事，校长们的反应不出所料。"他们对课本有很强的占有欲，"詹克斯小学一位二年级和四年级学生的家长丽贝卡·东特告诉我，"他们不允许我女儿带课本回家，因为他们怕弄丢了。"在过去两年里，她做了一项调查，以了解老师们的愿望清单（大多数是普及版图书和基本的文具），然后在社区进行募捐。"去年，我第一次做这件事的时候，校长跟我说：'噢，我们倒是有一些那样的东西。'"东特告诉我。肯定还有一些课本跟帕伦博学校的高级微积分课本一样，也静静地待在学校的某一个角落，只是没有被交到需要的人手上。"没有足够的人和财力将供应室或图书馆的文具用品和教室里的老师连接起来。"东特说，"学校需要足够的钱来把这些点连成线。"

跟进供应物品的走向是一个问题，跟进使用这些物品的学生又是另一项全新的挑战。在费城的学校里，许多学生来自寄养家庭或面临其他不稳定的生活状况，这意味着他们经常转学。费城儿童医院的一份报告显示，平均每五名费城公立高中学生，就有一名进入过儿童福利或未成年人司法系统。一名教师告诉我，她在费城西部的一所高中教书时，至少每两个星期就会收进或送走一名学生。

"这么大的学区，会遇上一些国内绝大多数学区都不会遇到的后勤问题。"儿童与青少年公民公共教育组织执行理事唐纳·库珀解释道，"一切都没有看起来那么简单。"

2013 年，在完成第一轮数据分析之后，我去了一趟费城学区办公室，要求向学区总监威廉·海特提交我的研究发现。学区发言人告诉我海特不在，并安排我与负责向学校提供支持服务的办公室副主任斯蒂芬·斯彭斯会面。斯彭斯 60 岁出头，曾是一名体育老师，负责学校每年开学和停学的相关事务。他的工作过去是由一组职员完成的，自从裁员以来，从课桌到地毯，所有事情都由斯彭斯独自处理。

我问他，他如何确认学校在每年开学之初有足够的课本。他解释道，每所学校的校长应该在开学和停学的时候分别提交一份清单给他。这份清单（他发给校长们的一份 Word 文档）上有一个方框，校长可以在这个方框上打钩，表示学校有足够的课本可用。

"学校存书的问题，并非由一个办公室集中进行管理。"斯彭斯说，"如果是一位非常懂技术的校长，可能会自行开发一个系统，在线上对存书进行管理。而那些不怎么擅长搞技术的校长可能就会派职员去给教科书计数，把书搬到书柜里，然后定期检查书柜。"

我对这个说法还是有些存疑，毕竟几年前就已经有一个覆盖全学区范围的电子系统了。2009 年，一名学生在费城学区学校改革委员会的会议上站起来说："我没有课本。"从那以后，当时的学区总监阿琳·阿克曼决定对学区的学校存书进行线上管理。学区信息主管梅拉妮·哈里斯也曾告诉我，这个系统是利用内部资源开发的。

我问斯彭斯："你的意思是说，那个线上系统已经不用了吗？"

他说，校长们更喜欢使用他们自己开发的系统，然后再将库存报告提交给他。"我靠校长和实时数据来做工作。我用我们刚才谈到的开学和停学两个清单来跟踪这些数据。"

斯彭斯收到校长们提交来的清单，就会把信息填到他电脑上的一个 Excel 表格里。

"这个 Excel 文档会共享给别人吗？"我问。

"会共享给学区的助理总监们。"斯彭斯说，"我们会开会讨论这些事情。而且在整个开学会议期间，这份表格会一直被投射在大屏幕上。"

作为一名数据科学专家，我清楚地知道此事把斯彭斯搞得焦头烂额。上百万本教科书、几十万张课桌——没有技术协助和充足的人手，要跟踪到每一个物件是不可能的。要弄清楚如何正确地使用这些数据，也同样困难。

最终的结果是，费城学区的数据根本对不上号。以费城南部的蒂尔登中学八年级为例：根据学区的记录，他们使用的是霍顿·米夫林·哈考特集团出版的《文学元素》阅读教材。根据（显然不靠谱的）学区库存系统显示，2012—2013学年，蒂尔登中学八年级有117名学生，但只有42名学生有教材可读。这所学校大部分八年级学生没有通过国家标准化测试：他们的平均阅读分数只有29.4%，而学区平均分是57.9%。

这里面有一个问题，就是没有人去了解学生需要什么，以及学生实际上拥有什么。还有一个问题，那就是教育预算实在太少了。《文学元素》教材的价格是114.75美元。然而，2012—2013学年，蒂尔登中学给每名学生的购书预算只有30.30美元（费城其他中学也是同样的情况）。一个人分配到的预算相当于一本教科书价格的四分之一，却要包揽所有学科的所有课本。我自己的计算显示，2012—2013学年，费城的学校的存书量平均只覆盖到总课程所需图书量的27%，而课程所需图书量总共要花费6 800万美元。由于学区办公室没有收集到课本使用量的综合数据，我的计算可能高估了实际情况，但更有可能的是严重低估了。

2012—2013学年结束时，购书预算被完全取消了。2013年6月，公立学校改革委员会（2001年取代了费城教育委员会）通过了一项被称为"末日预算"的提案，将费城学区2014财年的运营成本预算削减了3亿美元。（2011年，宾夕法尼亚州州长已经将公共教育拨款削减了近10亿美元。）费城的学校分配给学生的购书预算变成了0美元。2015年也一样，依然没有为购书提供预算。

借助这种复杂的官僚主义正好能理解技术的缺陷。用代码构建起烦琐的标准，然后使用数据来衡量这个系统是否符合它自己的标准——这基本上就是计算机的本质。这种技术可以用于任何复杂的、烦琐的程序，但它也加剧了我们的社会和公共系统的复杂性。

在这个调查项目中，我对盖茨基金会有了颇深的了解。盖茨基金会是一家规模庞大的教育基金会，是《共同核心州立标准》发展和应用的主要推动者。从某种意义上说，所有公立学校都存在的状况可以被看作一个工程问题。国家标准可以被看作一座房子的蓝图。如果蓝图已经有了，而且所有的利益干系人一致同意这份蓝图，那么承包商就可以动手根据蓝图建房子了。然而，一旦蓝图有改动，承包商的工期也会变动。每给房子增加一个新功能，成本就会增加，交付期也会进一步延后。

软件项目也是一样。一般来说，项目负责人在项目初期对软件系统所有功能的枚举都会有所疏漏。每次要增加一个新功能，开发成本就会增加，软件发布日期就会延后。这就叫作"范围蔓延"。作为微软公司的头号人物，比尔·盖茨主导过的大型软件开发项目大概比任何人都多。从这个角度看，盖茨基金会介入完成国家标准，游说各州同意这份标准，然后实施课程，并按相关标准对学生进行测试评估，是合乎情理的。这是一个设计得很优雅的工程方案。如果人们能在标准上达成一致，并且这些标准好些年都不再改变，那么它是很可能奏效的。

然而，这不仅是一个工程问题，而且是一个社会问题。教育标准不是自然法则，而是在特定的政治环境和意识形态背景下产生的一些观点。比如说，对于如何在标准课程中描绘进化论和气候变化，得克萨斯州和加利福尼亚州的学校委员会行政官员大概会持不同的看法。甚至加州州内的学校委员们很可能都无法达成一致，得克萨斯州也是如此。如果你对这种围绕教育标准的激烈争论有兴趣，不妨看看 2014 年科罗拉多州关于 AP 级美国历史测试的报道。[2] 共和党人、民主党人，还有国家教育协会、美国教师联盟、繁荣美国人协会（一个由持自由理念的科赫兄弟所资助的保守团体）、择校制度积极活动者、房地产开发商、当地学校董事会的民选官员，以及大学董事会一拥而上，卷入这场举国关注的论战。长期以来，教育界一直是美国文化冲突的战场。

从这项学校标准在全国各地遭遇的滑铁卢，可以看出试图使用工程方案去解决社会问题的不堪后果。这种形式化的工程方案可能会变得非常复杂、耗时且依赖数据来驱动。这样一来，我们对数据或更先进技术的追求就会掩盖非常严重的社会问题。

工程解决方案最终是数学解决方案。在定义明确的情况下，数学能够干净利落解决的问题，是那些定义明确的问题，带有定义明确的参数。而学校全然不是"定义明确"的。学校是人类创建的最为绚丽的复杂系统之一。我每天去教室上课，每天都带着惊奇的心情离开。我的学生的生活复杂得不得了。他们还有其他要赶的工作、家庭琐事和旅行计划。有时候，他们还得满足自己孩子的各种要求。那是一个变化莫测的环境。这也是我热爱教学的一部分原因；在帮助这些学生变得更优秀这方面，我还是颇有一点能力的。

但是，作为一名计算机科学家，我有时候还是会对这种不可预知性而感到厌倦。给一门课程制订教学大纲，就好比在制作这个学期的蓝图。如果所有人都遵守大纲上规定的规则和时间表，那这个学期就会有条不紊，每个人都能学到知识。但是，在我10年的教学生涯中，不经调整便顺利执行完大纲上所有作业和阅读任务的情况还从来没有发生过。

有一点需要说明：调整教学大纲对学生更加友好。我调整教学大纲，以适应和优化课堂上学生的学习体验。如果大多数学生看起来都不太理解一个基础的计算概念或者新闻概念，我就会放慢进度，先帮他们搞懂，再谈更高阶的内容。这与目前的最佳教育实践结果和已实证的教学研究是一致的。根据课堂上学生的具体情况来制定课程，能够让课堂体验更好。然而，每当我调整将学生每一次阅读任务和每一次作业的期限都排列得明明白白的表格时，我内心身为工程师的那一面仍忍不住叹息。

我可以很轻松地调整我的教学大纲，因为我一个学期才教大约30名学生，而且所有学生都很积极。他们一周来上一两次课，而且他们确实是想上我的课才会来——我的课定时定质，童叟无欺。如果我在施行 K-12 教育的公立学校任教，那情况就会有所不同。K-12教师也会调整教学大纲，但他们每天要应付 30 多名学生，一周 5 天都必须在教室里，没有选择余地。我在私立大学任教，所以如果我在学期中途发现有对学生有帮助的新书，可以让他们自行购买。但是在 K-12 公立学校里，课本是由学校提供的。在学期中途，基本没有教师能够被获准购买 30 多本书。即使他们被获准购买了，也得花上好几周时间走采购流程。在我的大学小课堂上做一些调整，就像驾驶一辆高性能跑车，想转弯就转弯；而在 K-12 公立学校做调整则困难得多，像是在一艘高速行驶的邮轮上掌舵转向，难于上青天。

面对这个问题，技术沙文主义者可能会提议用技术来解决。比如，我们可以给所有课本制作电子版本，学生就可以在手机上使用课本了，因为所有的学生都有手机。

大错特错！

手机对于阅读短篇作品来说是很好的，但是在手机上阅读长篇累牍的作品却非常麻烦，而且令人很不舒服。有研究表明，在教育环境中，屏幕阅读的效果比在纸上阅读要差。当研究对象在屏幕上阅读时，阅读的速度、准确度和深度学习都会受到影响。纸是一项简单而卓越的技术，可以让学生沉浸其中学习知识。在屏幕上阅读确实有趣又方便，但以理解为目的的阅读并不是为了好玩或方便。课堂阅读是为了学习，说到学习，学生更喜欢纸张，而非屏幕。[3]

另一个技术沙文主义者可能会建议给所有学生买 iPad 或 Chrome 笔记本，或是其他的电子书阅读器，同时给所有课本制作电子版本。又是一个"好主意"。它的缺点也是显而易见的。你身边有没有小孩或者青少年？你有没有留意过，他们有多容易把东西搞丢？小孩子总是搞丢手套、帽子、钥匙、药片——不仅是这些，是所有东西。他们总是搞丢东西，还经常把东西搞坏。所以，在一个拥有超过 500 名学生，甚至超过 1 000 名学生的学校里，给每名学生配备一台 200 美元的平板电脑或电脑，而且每一届学生都要配备，这根本行不通。如果没猜错的话，一般学校计算机室和重度使用者的电脑的使用寿命是两年左右。

一本书的使用寿命是 5 年以上。一本语言艺术课的平装课本只要 0.99 美元。纸书不需要维修，也不需要升级。换掉一本书非常便宜。计算机则有基础设施需求。如果要给 500 名学生购买电脑，你不仅是购买了 500 台电脑那么简单，还得负责一系列相关的服务、花费和维修。

假设你的学校有 500 名学生，你要给他们一人配一台笔记本电脑。那么，你还得为这 500 名学生，以及 50 多名教师、20 多名管理人员和职工，还有所有学生家长提供 24 小时的电话和电子邮件支持服务。你得调整学校老化的电气系统，确保有足够的电力来连接电脑。你得升级学校的空调系统，因为电脑会散发大量热气，而且在过热的环境中也容易出现故障，所以一定要确保有空调。你得有一个非常强大、永远可以连接的 Wi-Fi，可以处理超过 600 人每天从早上 6 点到晚上 7 点的带宽需求。这个 Wi-Fi 必须覆盖学校的所有地方，哪怕是 20 世纪 50 年代建的教室，它们四面都是可以屏蔽 Wi-Fi 信号的牢固煤渣墙。你得管理 Wi-Fi 的所有密码。你得帮那些忘记密码的人找回密码，哪怕是凌晨三点。你得给教师们用来布置作业、跟学生和家长沟通的学习管理系统搭建一个安全的网络架构。你需要保证这个安全网络架构不违反《家庭教育权和隐私权法案》。这个法案允许教育记录学生隐私，对记录学生隐私的定义却含糊其词。你需要进行大量谈判，以取得合法协议和解决方案，以遵守《儿童在线隐私权保护法案》。这个法案规定，网站运营商必须征得家长的同意才可以收集 13 岁以下儿童的个人信息，并且必须保护这些个人信息——哪怕儿童六七岁开始上学，并且在 13 岁前使用电脑，也应当如此。你要给几百个学生、教室和职员设置上网账号，还得把离开学校的学生和教工的账号注销。你得在学期开始的时候检查所有电子书，在学期结束时再检查一遍。你得拿到所有电子书的许可证，支付许可费用，并且定时去更新许可证的期限。如果有谁没有许可证，没办法做家庭作业，这种不可避免的问题，你也要及时处理。你得处理防火墙。如果学生在家无法连接到学校的网络，他们要怎么做家庭作业？每天只要有电脑坏了，你就得维修，并且要有储备的电脑，在一些电脑需要大修的时候提供备用方案。你需要额外的充电器，以防有些学生不小心把充电器落在家里。你得补充购买电脑，以代替丢失的电脑、被偷走的电脑。你必须制定一个大家都接受的电脑使用政策，阻止学生查看不恰当的内容，你要通过这个政策表达"不要用学校提供的电脑观看色情和极端暴力的视频、毒品内容，或其他任何会让你的父母对校方生气的内容"。你还得想办法让学生（以及教职工）遵守这些规定，并且创造出一种大家是出于自愿而非被迫遵守规则的氛围。你得让这套基础设施启动并运行起来，然后在无限期的未来每周 7 天、每天 24 小时对它进行维护，并且在新技术出现的时候及时使用新技术。你必须使用极少的受训人员、最少的预算和微薄的薪水，来完成这项工作。

挑战还不止如此。教室和行政人员从 2005 年首次提出的那个价值 2 000 万美元的"每个儿童一台笔记本电脑"（One Laptop Per Child，简称 OLPC）项目了解过，简单地给学生提供笔记本电脑并不意味着他们会将电脑用于学习。在巴拉圭部署的 OLPC 项目发现，教师和学生用电脑只是玩游戏和查看多媒体内容。[4] 学校需要对教师进行培训并提供技术支持，以便教师将计算机技术运用到他们的教学计划中。但即便如此，后勤问题（损坏、丢失等等）仍是难以逾越的障碍。尼日利亚一个 OLPC 学校的孩子使用笔记本电脑浏览色情内容，消息传开后真叫人大跌眼镜。[5]

这事儿真不容易。考虑到这一切，仅仅使用课本似乎更划算，也更简单。

我在 2014 年第一次写到这个问题。[6] 新闻发布之后，情况发生了变化——只是非常缓慢。2017 学年的教育拨款总算重点照顾了购买新课本的提案。"2016 财年和 2017 财年的投资计划，包括 3 200 万美元用于更新教材，以及 1 200 万美元用于聘请心理辅导员和护士。"2017 学年费城学区的预算书中这样写道。慈善组织捐赠了 1 000 万美元，用以"在所有三年级教室里建立分级图书角"。这是用于八年级阅读和数学教材、高中技术更新、更多资优学生的发展机会，以及聘请心理辅导员和护士的 4.4 亿美元投资计划中的一部分。[7]

如果我们从互联网的角度来分析这个项目，互联网的步伐是快如闪电的，而这个技术项目却花费了非常长的时间——先花了六个月进行开发，又花了两年让世界看到改变。技术沙文主义者会说，花整整两年等来一个社会变革，这实在太久了。可是，要改变一个庞大的官僚结构是极其困难的。就像在全速前进的邮轮上掌舵转向，那可不是说转就转的，你得耐心等一会儿，别无他法。其他的算法问责调查报道也是一样，要耐心一点。调查需要花费很长时间，途中你未必知道自己会发现什么，而且很可能好几年都不会产生什么社会影响。

现在我试着对费城学区的"教材更新"计划保持乐观态度。我不确信这个计划在一年后还能奏效，部分原因是国家标准可能会再次改变，需要不同的教材。标准化测试供应商也有可能要变了，这就要求教师改变他们的教学策略，诸如此类。我希望这些标准在若干年内保持原样，好让教师、学生和学校系统能赶上标准，为各学校制定并施行最适合他们学生数量的教学策略。我希望州政府能够全额拨款给公立学校系统，从铅笔到笔记本电脑，再到食堂里的土豆泥。我希望目睹公立教育取得成功。我想让我们的下一代成为精通技术的年轻人，让他们去学习公民学、艺术、文学、数学、计算机科学、统计学、历史，以及世界上所有新奇的事物。我希望他们是美国实验和美国梦的全面参与者。可惜这一次，我并不确信我能得偿所愿。

第 6 章

人的问题

关于教育和数字技术的观点似乎来自很多不同的作者和思想家。但深挖之后，我发现，绝大部分观点来自一小群精英人士，他们自20 世纪 50 年代起就一直在凭空想象并且误解技术和社会问题之间的相互影响。了解这些人之间的深层联系，可以帮助我们摆脱那些关于技术的过于简单的无效思考。

计算机系统是它们制作者的代言人。由于历史上创建计算机系统的人并没有什么多样性可言，技术系统的设计和概念中有一些嵌入的信念，我们最好重新思考并做出修改。首先，我先讲一个关于技术走了弯路的故事：

2016 年 7 月底一个晴朗的日子，戴维·博格斯觉得这天气用来飞行再完美不过了。博格斯刚弄到一个新玩具：一架配置了最新视频流媒体技术的无人机。他等不及要带它出去试飞。于是，他的朋友都到齐之后，他把无人机拿出来，开始展示它的功能。

无人机在院子里飞来飞去。博格斯和他的朋友在 iPad 上观看飞行视频，开心地欢呼。他们所在的肯塔基州小镇位于路易斯维尔市郊外的布利特县，从空中俯瞰可真不一样。整齐的一层和二层房子看起来像玩具房子一般大小。无人机飞得越来越高,原本视频中还能看到小镇上许多尖尖的屋顶,现在只看到一块块灰色的长方形。博格斯家附近树木繁茂的那片区域,看起来就像一条绿色的河流过整个街区。田野看起来辽阔无边。

博格斯控制着无人机往西穿过 61 号公路,然后转向北边,打算拍摄一个好友的房子。不料,一声巨响,无人机急速下降,跌到了地面上。

梅里德斯家的孩子们一直在屋子外边玩耍,突然听到一阵嗡嗡声。无人机的原理就跟直升机一样,但声响有些不同。直升机发出的是类似低音大鼓那种沉闷的声响,而无人机发出的声音则是尖锐的,就像小孩子放声尖叫"咿呀……",而且不肯住口的声音。NASA(美国国家航空航天局)的一项研究发现,正在飞行的无人机发出的噪声比地面上行驶的车辆噪声更加烦人。[1]梅里德斯家的孩子们听到了声音,跑去告诉他们的爸爸威利·梅里德斯。他们都糊涂了。这是一架掠夺者侦察机吗?孩子们有没有危险?噪声还在继续,他们很难冷静思考。威利·梅里德斯抓起他的猎枪,装上子弹,朝着这个飞着的靶子射击。无人机疯狂地转向,然后消失了,坠落在附近的公园里。噪声终于停止了。

博格斯和他的朋友立即驱车前往无人机在 iPad 上显示的坠落地点。他们在梅里德斯家的前院看到威利,他看起来焦虑不安。大家都明白发生什么事了。博格斯很生气。他花了 2 500 美元买了这台无人机,而他这位邻居竟然开枪把它打下来了?!梅里德斯也火冒三丈。这位邻居从空中监视他的家人是想干什么?这不是一个自由国家吗?公民在自己家里应该享有隐私权!冲突升级了,梅里德斯举起猎枪指着博格斯和他身边那帮人。博格斯报了警。警察很快就到了，可他们也不知道怎么处理这件事——书上可没有教怎么调解公民之间关于飞行机器的争端。梅里德斯并非反季节狩猎，因为无人机不是动物。他也不是故意破坏他人财物，因为他是在自己的住所范围内把无人机打下来的。

最后，警察决定逮捕梅里德斯，因为他是持枪的一方。后来在警察局，警方因为他向空中射击，以一级鲁莽行为、刑事恶作剧的罪名对他提出指控。他的妻子交了 2 500 美元保释金，他很快就回家了。几个月之后，法官驳回这两项起诉，裁定梅里德斯有权开枪射击一个在他的房产范围内不正当盘旋、侵犯他隐私的机器人。[2]

我对此事有不同的看法。我想问问无人机设计师和营销人员：你们以为会发生什么？美国是一个全民武装的国家。你们做了一个间谍飞行器，它会发出恼人的噪声，而且这架飞行器和它的摄像机没有任何使用规则或社会规范。你们有没有想过可能会发生什么事情？

当人们开始使用新玩意儿时，就会产生一些不可避免的问题。在科技文化中，总有一些人对此显得太过天真。也正因如此，总会产生一些负面的社会问题。微软的开发者曾制作过一个推特聊天机器人——Tay，本意是让它通过与其他推特用户进行直接互动来"学习"。很快，推特网友就用污言秽语"教坏"了 Tay，把它变成了一个充满人身攻击、骚扰的平台。这个机器人"学会"了白人至上主义者的仇恨言论。开发者们惊讶地把 Tay 下了线。[3]

还有一次，有几个开发者制作了一个带 GPS 功能的机器人娃娃——hitchBOT，想通过让它在全国范围内搭乘顺风车，来展示陌生人善良的一面。计划是这样的，你把 hitchBOT 带上，开车到你的下一个目的地，然后把它留下，让其他人带着它上路。按这个计划，

hitchBOT 应该能周游全国，遇到许多愿意用技术帮助别人的好人。结果，hitchBOT 最远到了费城，就被人肢解了，扔在一条黑暗的小巷子里。[4]

对技术盲目乐观以及对新技术的用途缺乏足够的谨慎，是技术沙文主义者的标志。

关于科技发明者最后罔顾公共安全和公共利益的故事有很多，就从我最喜欢的科技大拿马文·明斯基说起吧。明斯基毕业于安多佛中学、哈佛大学和普林斯顿大学，在麻省理工学院担任教授。他被称为"人工智能之父"。回顾 1945 年到 2016 年，几乎所有有知名度的技术项目中都能看到明斯基（或他的作品）的名字。

明斯基的麻省理工学院实验室是黑客的诞生地。那儿没有什么规矩。明斯基手下的第一批新成员来自麻省理工学院一个叫"铁路模型技术俱乐部"（Tech Model Railroad Club，简称 TMRC）的学生组织，他们当时还在制造继电器式计算机，为模型火车提供电力。TMRC 的成员对鼓捣机器非常着迷。20 世纪 50 年代后期，麻省理工学院拥有世界上为数不多的大型计算机之一，TMRC 的成员经常在课后偷偷跑去主机房，用那台计算机运行自己写的程序。

有些教授可能会因学生非法闯入并使用学校资源而惩罚他们。但明斯基不同，他聘用了他们。"这帮人很古怪。"他在一段口述历史中回忆道，"他们有一个年度的比赛，看谁能在最短的时间内乘坐完纽约市的所有地铁。这大概需要 36 个小时才能完成。他们会非常仔细地记录这些事情，研究地铁时刻表，并计划自己的路线。这些家伙都是疯子。"[5] 然而，对计算机科学来说，这是一种极富生产力的疯子。这种对细节的疯狂痴迷以及对构建事物的极度渴望，恰恰就是编写计算机程序和构建硬件所需要的特质。明斯基的实验室开始蓬勃发展。

他的招聘方法并不正统。明斯基就是明斯基，他就是那种人。他家楼上总会住着一名研究生或者其他什么客人。只要你在客厅坐上足够长的时间，就有机会碰到政客、科幻小说作家或者著名的物理学家顺道来跟你闲聊——他根本不需要招聘。"有些人会发消息或求职信过来，说对我这里的项目感兴趣。我会回复他们，'那你就过来，试试自己喜欢不喜欢这里'。"明斯基回忆道，"他们通常都会过来待上一两周，我们会支付给他们足够生活的报酬。如果他们感觉跟我们合不来，就会自己离开。印象中，我们从来没有解雇过谁。说起来非常奇怪，但这是一个有着无穷精力的团体。这些黑客有自己的沟通方式。他们可以把需要一个月工期的事情在三天内完成。如果来了天赋异禀的新人，他们会一拍即合。"史蒂文·利维的《黑客：计算机革命的英雄》(*Hackers: The Heroes of the Computer Revolution*)、斯图尔特·布兰德的《麻省理工学院媒体实验室》(*The Media Lab*)和许多其他出版物，都将 TMRC 俱乐部和明斯基实验室的故事收入其中。[6]马克·扎克伯格创立 Facebook 的第一个信条"快速行动，打破陈规"也是受黑客伦理的启发。扎克伯格在哈佛读书的时候，也上过明斯基的课。

1956 年，明斯基和他的合作者约翰·麦卡锡在达特茅斯学院数学系组织了第一次人工智能大会。两人随后在麻省理工学院创立了人工智能实验室。该实验室是麻省理工学院媒体实验室的前身，如今仍是全球技术创新应用的中心，也启发过包括乔治·卢卡斯、史蒂夫·乔布斯、艾伦·阿尔达和佩恩与特勒组合在内的无数人。（承蒙麻省理工学院媒体实验室的好意，我也曾受聘参加过一个软件项目，研究明斯基的理论。）

明斯基的职业生涯处处都能交上好运。今天，大多数教授都不得不在不断紧缩的资助环境中极力争取资金。而在明斯基那个年代，投资就像水龙头里流出的自来水一样。他在访谈记录中说道：

> 在 20 世纪 80 年代之前，我没有写过任何项目提案。我身边总有麻省理工学院的杰里·威斯纳这样的人。
>
> 大概在 1958 年或 1959 年，约翰·麦卡锡和我都来到麻省理工学院，当时我们就已经开始研究人工智能了。我们有几个学生也在研究这个课题。杰里·威斯纳来过一次，问："你们还顺利吧？"我们告诉他，我们很好，但要是能再拨三四名研究生就更好了。他说："你们过去找亨利·齐默尔曼，就说是我说的，让他给你们一个实验室。"两天后，我们就有了这个有三四个房间的小实验室。此外，IBM 给了麻省理工学院一大笔钱，用以推动计算机科学的发展，但麻省理工学院没有人知道该拿这笔钱做什么。于是，他们把钱给了我们。

一大笔钱，加上无数极富创造力的数学家对未来世界可能性的探索性设想——这就是人工智能领域最初的样子。最终，明斯基带领的这个精英小圈子掌握了学术界、工业界甚至好莱坞的技术话语权。

科幻小说作家亚瑟·C.克拉克和斯坦利·库布里克合著《2001太空漫游》的时候，曾向明斯基寻求建议：如何刻画太空飞船上一个尝试拯救世界，但最终把全体船员都毁灭了的超级人工智能机器？明斯基不负所望。他们一起打造出了 HAL 9000——哪怕到了今天，这台计算机仍集人们对超级人工智能的所有期待和恐惧于一身。

大多数人都记得 HAL 9000 那只发着红光的"眼睛"。那只可怕的眼睛，看起来跟世界上第一台可编程通用数字计算机 ENIAC 上的眼珠子可谓一模一样（它其实是 ENIAC 的显示装置）。约翰·冯·诺伊曼是明斯基的导师之一，他提出了计算机存储的核心概念之一，促成了 ENIAC 的诞生。

明斯基对文学作品的爱好，基本只限于科幻小说类。他自己也写科幻小说，跟艾萨克·阿西莫夫和其他杰出的科幻小说作家都有来往。在与这群朋友的交往中，科幻和现实之间的界限有时候会变得很模糊。明斯基在一次采访中提到过他们的一些古怪的项目：

> 我对亚瑟·克拉克关于太空电梯的想法很感兴趣。我大概花了 6 个月时间跟利弗莫尔的一些科学家合作，他们也在考虑设计这样的东西。这个想法在理论上是可行的——用碳素纤维和一些无比坚固的金属丝制作成皮带轮，把它从地球拉到比同步卫星还高的地方，再往下拉回到地球。这样就可以用滑轮把东西传送进太空了。亚瑟·克拉克研究出了这个理论，他把这个装置称为"喷泉"。

概括一下：科幻小说作家克拉克想象出一个可以通往太空的电梯。于是，他让他的科学家朋友明斯基（他时不时会住在明斯基家里）相信太空电梯是个好主意。明斯基又说服了一些在劳伦斯·利弗莫尔国家实验室（Lawrence Livermore National Laboratory）的朋友，去研究如何制作这台无比巨大的太空电梯。这个实验室现在是由国家核安全局和能源部资助的国防研究室。这些杰出的科学家真的花了整整六个月时间来研究这台太空电梯。

技术界无人不知明斯基，而且每个人都依赖他。众所周知，史蒂夫·乔布斯从艾伦·凯和他在施乐帕克研究中心的团队那里获得了在计算机上使用鼠标和图形用户界面的灵感。1985 年，约翰·斯卡利接替乔布斯接管了苹果公司时，艾伦·凯告诉斯卡利，他们需要出去寻找新技术的灵感来源，不能再像以前那样，将苹果的下一个重大举措寄望于施乐帕克。斯卡利在 2016 年的一次访谈中说道："这导致我们在东岸麻省理工学院媒体实验室花了大量时间，和马文·明斯基、西摩·帕普特合作研究。我们最后把很多技术放入了艾伦和我一起制作的一个名为'知识领航员'的概念视频中。这个未来电脑的概念意味着，电脑将成为我们的个人助理，今天的情况就是这样。"[7] 他说的就是现在的语音助手技术，比如苹果的 Siri、亚马逊的 Alexa 和微软的 Cortana。

所有这些语音助手都被技术主管和开发人员赋予了女性的名字和默认身份——这绝非偶然。"我认为，这可能反映了一些男性对女性的看法——它们并不完全是人，"《机器人与人工智能人类学：灭绝焦虑与机器》(*An Anthropology of Robots and AI: Annihilation Anxiety and Machines*) 一书的作者、社会人类学家凯瑟琳·理查森（Kathleen Richardson）在 2015 年接受 LiveScience 采访时说，"它们的优点是可以复制的，但是对于更复杂的机器人来说，它们必须是男性。"[8]

明斯基甚至可以算是谷歌创立的幕后推手。拉里·佩奇和谢尔盖·布林在斯坦福大学攻读博士的时候，发明了 PageRank 算法。这一个革命性的搜索算法促使两人创立了谷歌，一个全世界最值钱的公司。拉里·佩奇的父亲是密歇根州立大学人工智能学教授老卡尔·维克托·佩奇，他应该涉猎过明斯基的研究，并且会在人工智能大会上跟明斯基进行交流。拉里·佩奇在斯坦福大学的博士导师是特里·威诺格拉德，而后者将明斯基视作导师。威诺格拉德在麻省理工学院的博士导师则是明斯基的长期合作者和商业伙伴西摩·帕普特。谷歌的许多高管都是明斯基的研究生，比如雷·库兹韦尔。

明斯基是这个领域的黏合剂，是一个格拉德威尔式的"联系员"。早在 20 世纪 50 年代，在这个拥有上亿人口的国家里，只有个别地方有计算机。马文·明斯基就在那些地方来来去去，算算这个算算那个，创造出一些东西，又修修补补，也在那儿闲逛来晃荡去。

明斯基式的创造性混乱既有趣宜人，又富有感召力。这也很危险。明斯基和他那一代人对安全的重视程度远不如今天的人。比如，当时人们对辐射安全有一种有意无意的忽略。有一次，一位曾是明斯基门下研究生的计算机科学家丹尼·希利斯口袋里装着一个辐射探测器去了明斯基家里。（希利斯是一名超级计算机发明家，如今和《全球概览》的创始人斯图尔特·布兰德共同经营今日永存基金会；该基金会致力于在亚马逊创始人杰夫·贝索斯位于得克萨斯州牧场的一个洞穴里制造一个能运行一万年的机械时钟。）辐射探测器开始失控。希利斯此前就和明斯基一家住过一段时间，他在房子里到处寻找辐射源。他发现，探测器在一个壁橱旁边时警报声最大。于是，希利斯打开它。原来，壁橱里塞满了化学制品。他一件一件将它们挪开来侦测，但没有一件是辐射源。随后，他又发现壁橱后面有一块秘密隔板。他很好奇，于是把它打开，看到了一具人体骨骼。

希利斯跑上楼，把这个发现告诉明斯基和他的妻子格洛丽亚·鲁迪什。他们听到消息的反应，与其说是惊讶，不如说是兴奋。"它就在那里吗？"格洛丽亚说，"我们已经找了它好几年了。"原来，那是她在医学院时使用的一副骨骼。然而，它也并非辐射源。

最后，希利斯从壁橱里翻出了更多东西，发现了明斯基从一家二手商店淘到的旧间谍相机的镜头。老式的镜头有时会用放射性元素处理，以提高折射率。"那玩意儿具有危险的放射性，"希利斯后来回忆道，"我把它弄出了明斯基家。"⁹说到鼓捣新玩意儿，明斯基那一代人中的很多人认为传统的规则并不适用于他们。明斯基很喜欢讲一个故事，说的是他的一些朋友在一座曾属于建筑师巴克敏斯特·富勒的房子的后院制造出了一枚洲际弹道导弹。

明斯基那一代人把这种认为创造比传统（或法律）更重要的态度传给了下一代的学生。后来，特拉维斯·卡兰尼克等科技公司CEO 的行为就体现了这一点。2017 年，卡兰尼克因在公司创造出性骚扰文化（以及其他原因）而被优步撤职。他也有一种不把法律当回事儿的态度。他不顾本地出租车和豪华专车的规章制度，在世界各地运营优步；他做了一个名为"Greyball"的程序，帮优步通过计算躲避执法部门的钓鱼执法；他曾被监控拍到辱骂一名优步司机，甚至对优步司机强奸乘客的事端视而不见。¹⁰优步前工程师苏珊·福勒曾在网上发表博客文章，说卡兰尼克的技术经理在处理福勒提出的骚扰投诉方面几乎是毫不作为的。福勒的多次晋升机会都被否决了，而且经常遭到男同事的性挑逗。优步的人事部门本该留意到，福勒面对的是教科书级别的职场性别歧视案例。但是他们没有，他们反而告诉福勒，这是她的错，让她注意自己的行为。

对社会公序良俗的漠视，并非始于明斯基的时代，早在计算先驱艾伦·图灵的时代已经如此。图灵和明斯基一样，也在普林斯顿大学攻读研究生。他的社交能力糟糕透顶。图灵的传记作者杰克·科普兰是"计算的历史之图灵档案网站"（Turing Archive for the History of Computing）的管理者。他写道，图灵喜欢一个人工作。"阅读他的科学论文，会让人感觉世上其他孜孜不倦试着解决相同或相关课题的其他人与事仿佛都只是尘嚣，完全不存在。"[11] 科普兰这样写道。真实的图灵跟图灵传记片《模仿游戏》（The Imitation Game）中本尼迪克特·坎伯巴奇所演绎的那个角色不尽相同，他本人相当邋遢。他总是穿破旧的衣服，指甲总是脏兮兮的，头发也总是乱蓬蓬的。科普兰这样写道：

> 如果你有机会去了解图灵，会发现他其实很有趣。他快乐、活泼、有激情、滑稽，心中满是孩子般的热情。他大声地发出沙哑的乌鸦般的笑声。但他也是一个孤独的人。"图灵总是一个人。"密码破译员杰里·罗伯茨说，"他不太爱跟人说话，但他在自己的社交圈子里还算合群。"图灵跟所有人一样，也渴望情感和陪伴，但他似乎在哪儿都无法融入。他为自己在社交上的无能而烦恼，但这就跟他那乱糟糟的头发一样，仿佛是一种大自然的力量，他对此无能为力。他偶尔也会很粗鲁。如果他觉得有人没有足够认真地听他说话，他会直接走开。图灵是那种会在无意中惹恼别人的人，那些傲慢自大的人、权威人士和在科学上装腔作势的人尤其容易被他无意惹恼。他也是一个喜怒无常的人。他在英国国家物理实验室的助理吉姆·威尔金森饶有兴致地回忆说，有些时候，跟图灵最好的相处方式就是避开他。在古怪、邋遢、失礼的外表下，图灵始终保有一种超凡脱俗的纯真，还有敏感和谦逊。

注意那句话，"如果你有机会去了解图灵"。这种话通常用来描述那种令人不快或难以忍受的人，但同时有一些理由让你不得不忽略他的可怕之处。在图灵的例子中，大多数人宽恕他的行为，是因为他在数学上聪明绝顶。

这种抛开外貌之类表层特征的社交，是数学界社交文化的奇妙事物之一。然而，这并非总是好事。当人们对社会公序良俗也表达出与此同等的蔑视，就会导致数学能力被过分看重，社会架构失衡。数学、工程学和计算机科学等专业领域内对于许多反社会行为并无谴责之意，因为作恶者是某方面的天才。正是这种态度，构成了技术沙文主义的哲学基础。在技术沙文主义中，有效的代码优于人际互动。

技术还继承了数学家们对于"天才崇拜"的推崇。天才崇拜导致许多人被推上神坛，也强化了这个行业的边界，伪装出一系列结构性的歧视，让外行人无法靠近。数学界对于数学家的出身非常痴迷。网上有一个被广泛传播的数学系谱项目，它是由许多人共同完成的，根据数学家们在哪所大学跟着哪位导师完成博士学位的信息，列出了数学家们的"祖先"和"后代"。明斯基知识上的"血统"可以一直追溯到 1693 年的德国数学家戈特弗里德·莱布尼茨。想要知道这件事为何重要，我们需要看一看现代计算机的发展之路。

要说最早的计算机，你可能会想起小学数学课上用过的算盘。算盘是一种十进制的计数装置，因为人类有 10 根手指和 10 根脚趾。如今常见的算盘就是一系列小棍串着珠子，每根小棍串着 10 颗珠子。算盘是几个世纪以来人们用来计算的东西。

算盘之后，数学技术的下一个重大发展是星盘，用于海上天体导航。随后，出现了各种各样的时钟：水力时钟、弹簧时钟和机械时钟。这些都是重大而精巧的发明，但从计算机的设计层面看，更重要的一项突破是 1673 年德国律师与数学家戈特弗里德·莱布尼茨制造的"步进计算器"。这台计算器有一组旋转的示数轮，它们会随着手柄转动。只要示数超过 9，它就会回到 0，临近的示数则增加 1。每一个示数轮就是一个数位，代表增量 10。在之后的 275 年里，计算机沿用了这一台机器的设计原理。[12]

莱布尼茨不满足于单单做算术，他还有更重要的数学要研究。发明了这台机器之后，他曾说过一句名言："让优秀的人浪费时间来算术简直侮辱尊严，农民拿个机器一样能计算得精准。"

1801 年，约瑟夫·玛丽·雅卡尔发明了穿孔卡片织布机，这让数学家们跳脱窠臼，对计算机器的设计产生了不同的想法。雅卡尔的织布机采用的是二进制的逻辑：卡片上的孔代表二进制的 1，没有孔则代表 0。机器根据卡片上是否有孔洞，编织出复杂的花纹。

人们花了几十年才弄清楚这些细节。最终，英国科学家查尔斯·巴贝奇在 1822 年开始研究他所谓的差分机，这才算有了突破。这台机器可以获得多项式的近似值，这意味着数学家能够描述几个变量之间的关系，比如范围和气压。差分机的设计原理还允许它计算对数和三角函数，这些函数很难用人工来计算。巴贝奇花了很多年制造这台差分机，总共用了 2.5 万个元件，整台机器重达 15 吨，但他没能成功让它运行起来。然而，1837 年，巴贝奇发表了另一个更好的想法：分析机。这是一个能够使用条件分支和循环来解释编程语言的机器设计。今天的计算机还能看到分析机一些功能的影子，比如执行运算、处理逻辑和增加内存的能力。当时，阿达·洛夫莱斯为这台设想的机器编写程序，她常被认为是世界上第一个计算机程序员。遗憾的是，分析机远远领先于它的时代，它最终也没能运行起来。1991 年，科学家们按巴贝奇的设计将分析机组装了出来，发现当年如果有其他重要的部件，比如电，分析机就能运行起来。

现代计算机发展的下一个里程碑，是 1854 年英国数学家、哲学家乔治·布尔提出的布尔代数。布尔代数基于莱布尼茨的研究成果，是一个以逻辑为基础的系统。这个系统只有两个数字：0 和 1。所有的计算都通过两个运算符实现：与（AND）、或（OR）。

随着 19 世纪的发展，机械的加法机变得越来越复杂。"垮掉的一代"小说家威廉·S. 伯勒斯的祖父威廉·苏厄德·伯勒斯在 1888 年获得加法机的专利，并且发家致富。托马斯·爱迪生在 1878 年发明第一个电灯泡之后，电力开始广泛应用，并使得各种机器发生了革命性的变化。机电技术的新进展意味着人人都可以使用加法机进行加减乘除四则运算。不过，这台机器操作很费力，要反复按很多按钮。在高等数学项目中，人类计算员仍是必不可少的。

所谓人类计算员，就是受雇做计算工作的职员。他们做的这些数学运算是为了编写数学表格。这些表格对统计学家、天文学家、航海家、银行家和弹道学专家来说是必不可少的，他们的日常工作都要依赖复杂的计算。如果要对非常大的数字进行乘法或除法运算，或是求一个数字的幂或 n 次方根，都是非常费力和繁重的工作。在预先计算好的表格里查找结果相对要简单一些。这个工作系统多年来一直运转良好。早在公元 2 世纪，埃及数学家托勒密就开始使用数学表格；1758 年，法国的天文学家也只使用人力和数学查询表来计算哈雷彗星的回归周期。

随着工业革命的发展，有限的人类计算员成了进步的重要障碍。19 世纪数学家的一个主要烦恼是劳动力严重受限。今天，如果你想雇人来做计算工作，可以雇用不同性别的人。但在 19 世纪，你只能雇用男性。当时，只有少数女性接受过足以用来进行必要计算的数学教育。而在这少数人中，能得到家人支持而走出家门寻求职业机会的就更少了。在 19 世纪，美国大多数女性甚至没有投票权。直到 1848 年，塞尼卡福尔斯会议召开，标志着女权运动的开始。《第十九修正案》直到 1920 年才通过。许多男性在女权运动中是盟友，但数学家并不以他们的政治激进主义闻名。我的同事布鲁克·克勒格尔在他所著的《妇女参政：女性如何利用男性获得选票》(*The Suffragents: How Women Used Men to Get the Vote*)一书中，记录了许多为女性平等而奔忙的男性。在这些男性之中，有几位历史教授、文学教授、哲学教授，就是没有数学教授。[13]

19 世纪也是美国最大的耻辱——奴隶制的时代。黑人本可以做人类计算员，本可以成为劳动力大军中高效的一员，但他们当时却被奴役，成为强制性劳工。他们没有机会接受教育，他们被殴打、强奸甚至杀害。在整个 19 世纪，有色人种被强行排除在高等教育的门槛之外，由此也被排除在知识精英阶层劳动力之外。直到 19 世纪末，奴隶制才结束——亚伯拉罕·林肯于 1863 年颁布了《解放黑人奴隶宣言》，随后于 1865 年颁布了《第十三修正案》。在接下来的几十年中，接受教育的机会并没有增加。许多人认为，要在这个国家实现公平、平等和综合教育，还有很长的路要走。

不管他们是否意识到这一点，19 世纪的数学家和其他科学家都各自做出了选择。有的人选择实施社会变革（解放奴隶、普选权、打破阶级壁垒等），允许白人精英男性之外的其他人得到更多教育机会，为他们提供工作培训，以此发展潜在的劳动力。有的人则选择维持现状，转而去制造能完成工作的机器。

而且，他们把机器制造出来了。

不过，平心而论，这些人总是要制造机器。那是他们的兴趣所在，也是他们所在领域的发展方向。事实上，当时全世界都热衷于开发利用蒸汽动力、电力和其他领先的新技术来发展新机器的热情之中。也许，期待他们身兼经济学家（无论他们的专业领域与经济学多么近）和民权活动家（当时甚至还没有这个短语）的工作是不公平的。我在高中上三角学课的时候，也必须用到数学查询表。它用起来确实非常麻烦，我举双手赞成利用机器进行乏味的复杂运算，从而节省人力。但这段历史的重要性在于，它体现了在科技行业中，这种特殊的白人男性偏见有多深。在可以选择将更多不同的人引入劳动力大军的情况下，19 世纪的数学家和工程师们转而选择制造能取代人的机器——这将带来巨大的利润。

快进到明斯基的时代，我们可以看出，计算机科学这门新学科是如何继承了数学界的这种偏见的。这帮人跟明斯基和他的同代人一样，拥有惊人的创造性，却也在技术圈固化出一种亿万富翁男孩俱乐部的文化。数学界、物理界和其他"硬科学"界都从来不曾对女性和有色人种敞开大门，技术界同样如此。

物理学家斯蒂芬·沃尔弗拉姆曾讲过一个关于明斯基的故事。那个故事很好地体现出明斯基那一代人中常见的对性别刻板印象的微妙假定：

　　我认识的马文是严肃和古怪的完美结合体。不管谈论什么话题，他都能侃侃而谈，而且大部分观点都很不寻常。有时他的观点非常有趣，有时就只是很古怪。我想起 20 世纪 80 年代初我去波士顿旅游的时候，从马文的女儿玛格丽特（她当时在日本）那里转租了一套公寓。玛格丽特养了许多精致的植物。

有一天，我注意到有些植物的叶子上出现了难看的斑点。

　　我在植物方面不是专家（当时也没有互联网可以搜索），于是赶紧打电话给马文，问他应该怎么办。接着，我们就开发微型驱逐粉蚧的机器人的可能性进行了很长时间的讨论。虽然讨论过程特别有趣，但最后我还是不得不问："但是我到底应该怎么处理玛格丽特的植物呢？"马文回答道："哦，这个啊，我想你最好还是和我妻子谈谈。"[14]

　　我特别喜欢想象这个画面：两位卓尔不凡的科学家，讨论了半天怎么做一个驱逐粉蚧的纳米机器人。然而，我也被这样一个事实震惊：他们都不知道如何照料室内植物。相反，照顾植物的责任交给了明斯基的妻子和女儿。这两位女性都颇有建树：明斯基的妻子格洛丽亚·鲁迪施是一名成功的儿科医生，他的女儿玛格丽特是麻省理工学院的博士，经营着几家软件公司。尽管如此，这两位女性仍被要求懂得如何养花种草，而两位男性则不需要懂。

　　由于人类在照料植物方面有着悠久而成功的历史，这段对话便体现了这些科学家身上某种习得性的无助感。在"没有互联网"的20世纪80年代，要诊断室内植物并不难。你可以到当地的花店，描述植物的斑点症状；可以到当地的五金店，聊聊植物的问题；还可以打电话给当地的农业推广办公室进行咨询。在任何这些地方，肯定会有对园艺懂行的街坊邻居。人们懂得如何处理植物的问题，文明实际上是园艺的同义词。将几滴洗洁精滴到喷雾瓶里，喷到被粉蚧感染的植物上，就能消灭粉蚧。在室内植物上部署机器人是个有趣的想法，但这完全没有必要。

　　我明白，谈论古怪的想法比谈论性别政治更有意思。过去是这样，如今也是这样。不幸的是，古怪的想法主导了科技领域的公众对话，以至于有关社会问题的重要对话多年来一直被淹没或忽视。从硅谷冒出来的古怪想法包括：在新西兰购买岛屿，为世界末日做准备；建造"海上家园"或者用废弃的集装箱在公海建岛，打造一个没有政府或税收的新天堂；冷冻尸体，这样死者的意识就可以上传到未来的机器人体内；建造超大飞船；发明以反乌托邦科幻电影《绿色食品》(*Soylent Green*，又名《超世纪谍杀案》)命名的代餐粉；或者制造会飞行的汽车。当然，这些想法很有创造性，重要的是为梦想家们创造了空间。但同样重要的是，不要把疯狂的想法当回事。我们应该谨慎一些。不要仅仅因为某些人在数学上取得了突破或挣了很多钱，就尽信他们说的话，比如外星人是真实存在的，或者将来有可能让逝者复活，所以现在应该把聪明人的大脑集中放在像Costco超市放蔬菜的那种巨大的冰柜里。(明斯基是阿尔科生命延续基金会的科学顾问委员会成员，这个基金会是为那些富有的"超人类"忠实信徒建立的。他们在亚利桑那州有一个冰库，用来保存尸体和大脑。他们有数百万美元信托基金，用以维持该基金会数十年的运转。)[15]

　　阅读这种讲硅谷亿万富翁的愿望是活到 200 岁或者跟外星人对话的文章，人们不禁想问他们：这些东西是不是你们在嗑药的时候想到的？答案通常是肯定的。20 世纪 70 年代早期，史蒂夫·乔布斯从里德学院退学后开始服用迷幻药。NASA 和美国国防部高级研究计划局（ARPA）资助的研究员道格·恩格尔巴特曾在 1968 年做过一场被誉为"所有演示之母"的演示，首次向全世界介绍了现代计算机的所有硬件和软件元素。他后来在国际高级研究基金会也服用迷幻药。在 1967 年之前，这是一个对 LSD（麦角酸二乙基酰胺，一种麻醉药）进行学术研究的合法场所。

当时给恩格尔巴特演示操作摄像机的是《全球概览》的创始人斯图尔特·布兰德，他帮 LSD 大师肯·凯西组织了一系列臭名昭著的 LSD 测试。他们一行人开着一辆装载大量迷幻药的大面包车逛遍了美国，这一场狂欢被汤姆·沃尔夫写进了他的书《令人振奋的兴奋剂实验》（ *The Electric Kool-Aid Acid Test* ）中。布兰德是以明斯基为代表的科学家世界和反主流文化之间最重要的纽带。"我们就像上帝一样，也许我们也可以做得像上帝一样好。"这是布兰德1968年创办的《全球概览》杂志第一期的第一行字。[16] 这份杂志几乎是所有早期互联网先驱的主要灵感来源，从史蒂夫·乔布斯到科技出版巨头蒂姆·奥赖利，不一而足。开发者们创建早期的互联网留言板时，其实就是在重现当时时兴的《全球概览》在封底开辟的自由评论和推荐文化。在那一页，读者们来信分享与公共生活相关的要求、工具和技巧。弗雷德·特纳在《数字乌托邦：从反主流文化到赛博文化》中提到，布兰德在早期互联网的发展史中无处不在。太空移民？布兰德早在 20 世纪 70 年代就在他的杂志《共同进化》（ *CoEvolution Quarterly*，简称 *CQ* ）中做出过推测。《全球概览》是《共同进化》的前身，《共同进化》又是《连线》杂志的前身。《共同进化》是布兰德创立的又一具有影响力的技术文化杂志。特纳这样写道：

> 对于《共同进化》的读者来说，太空移民的想法是一种修辞原型。太空移民允许先前的新共产主义者将他们对公共家园的渴望转移到同样大规模的技术上，而这些技术恰恰是他们先前在冷战时期试图破坏的机械化生活思维的重要特征。一个对

超然公共意识的幻想，就这样让位给了在无摩擦空间中实现技术合作的梦想。10 年之内，这些幻想就会再次出现在网络空间和电子边疆的修辞中。届时它们将有助于塑造公众对计算机网络技术的看法。[17]

明斯基和布兰德是密友，布兰德的《麻省理工学院媒体实验室》一书的主人公就是明斯基。布兰德在技术方面的野心、好奇心和对科技的热情与明斯基那帮打破陈规的黑客不谋而合。在回忆《全球概览》项目时，布兰德写道：

> 在新左派主义者呼吁基层政治（即指）权力时，《全球概览》避开政治，推动基层直接权力工具和技能。当新时代嬉皮士哀叹知识界是抽象文化的沙漠时，《全球概览》推动科学、智力活动以及新技术与旧技术的发展。因此，当 20 世纪最具威力的工具——个人计算机（个人计算机受到新左派的抵制和新时代的鄙视）诞生时，《全球概览》从一开始就参与到了这项发展之中。[18]

布兰德毕业于埃克塞特大学和斯坦福大学，他的父亲是麻省理工学院的工程师。布兰德将个人计算机视作光明的、新乌托邦未来的新边疆。[19] 1985 年，他创立了世界上第一个在线社区——全球电子链接（Whole Earth eLectronic Link，简称 WELL）。就是在这个社区，技术界发展出一种缺省的政治态度——自由主义。保利娜·博苏克在《赛博自私主义：高科技极端自由主义透析》（*Cyberselfish: A Critical Romp through the Terribly Libertarian*

Culture of High Tech）中就记录了自由意志主义对科技的掌控。这一种致命的技术自由意志主义哲学形态，潜伏在网络社区的核心地带，那里充斥着他们所谓的"言论自由"和激进的个人主义。这种情绪曾在留言板上盛行；2017 年，它在 Reddit 的红色药丸论坛和暗网上继续活跃着。博苏克写道："这表明了人们在人际联系上的缺失，也揭示出有些人面对被人们视作人之本质的那种东西感到不适。这种主义无法调和个人需求与个人参与社会活动需求的矛盾。比起其他有利可图的行为，有些人更乐于成为个人电脑的独立指挥者，这跟那种主义又恰好完美契合。比起任何现实中的人类，计算机的运行更依赖规则、更加可控、更容易理解，一旦出错也更容易被修复。"[20]这是图灵尴尬的社交能力被政治化的语言放大后的样子。

网络空间的积极活动家从嬉皮士意识形态向反政府主义意识形态的转变从 1996 年"感恩而死"乐队前词作者约翰·佩里·巴洛发布的《赛博空间独立宣言》中可见端倪。"工业世界的政府们，你们这些令人生厌的铁血巨人，我来自网络空间——一个崭新的心灵家园。"巴洛这样写道，"作为未来的代言人，我代表未来，要求过去的你们不要干涉我们。在我们聚集的地方，你们没有主权。我们没有民选政府，也不太可能有。"[21]巴洛创立了电子前哨基金会（Electronic Frontier Foundation）。这个持自由论的基金会因为巴洛在 WELL 上发表的一些辩论，现在为黑客辩护。

然后，彼得·蒂尔来了。蒂尔是斯坦福大学另一位自由意志派毕业生。他创立了 PayPal，是 Facebook 的早期投资者，创立了由 CIA 支持的大型数据公司帕兰提尔（Palantir），并且毫不掩饰他对于性别平等和政府的敌意。在卡托研究所 2009 年的一篇文章中，蒂尔写道："自 1920 年以来，公共福利的受益人以及获得了选举权的女性这两大选民团体（众所周知，他们对自由主义者的观念持坚决反对态度）都大规模扩大了，已经把'资本主义民主'的概念变成了一个矛盾的修辞。"蒂尔和巴洛一样，在他的设想中，赛博空间是无国界的："这个世界已经没有剩下什么真正的自由空间，我觉得真正的出路应该会涉及一些尚未被付诸实践的新东西。这些东西会将我们带领到某个未被发现的国度。因此，我将我的精力放在了可能会为我们创造新自由空间的新技术上。"[22] 蒂尔是唐纳德·特朗普参加总统大选时的支持者和顾问，并且资助了一场打垮高客传媒的诉讼。南加州大学安嫩伯格创新实验室名誉主任乔纳森·塔普林在《快速行动，打破陈规》（*Move Fast and Break Things*）一书中探讨了蒂尔的影响力如何通过他的"PayPal 帮"传遍整个硅谷，其他风投家和管理者都接受了他的无政府资本主义哲学。[23]

认知科学家提出过这样一个问题：蒂尔这样的有钱人提出在公海上建立家园或外星人存在的想法，为什么有人会把这些想法当回事？风险评估专家保罗·斯洛维奇写道，我们在专业知识方面存在认知谬误。当一个人在某方面是专家时，我们便倾向于认为他们在其他方面也一样专业。[24] 这就是为什么人们认为图灵在数学上是专家，因此他在社会运作方式的评价上也是专家。尤其在我们这个劳动力高度专业化的时代，这种认知谬误可能是有问题的。擅长使用计算机和擅长与人打交道可不一样。有些计算系统的设计者根本不关心，甚至不了解我们所身处的文化系统，那我们又何苦争先恐后地跑去被那些计算系统管控呢？

白人男性偏见和 STEM 领域的天才神话结合起来，危害就更大了。哪怕在今天，也鲜有女性和有色人种被视作数学天才或技术天才。2015 年，普林斯顿大学教授 S. J. 莱斯利及其合作者研究了"能

力信念"这一现象，即不同学术领域的学者看重天赋和才华更甚于
同理心和勤奋工作。他们这样写道："在各学术领域中，有些领域的
从业者认为天生的才智是成功的主要条件。女性在这些领域中备受
忽视，因为女性被刻板地认为没有这种才智。这个刻板印象也适用
于非裔美国人受忽视的情况，因为这个群体也受到类似的刻板印象
的影响。"[25]

与数学相关的刻板印象在 STEM 领域横行，造成许多负面影响。
学者谢恩·本奇、希瑟·伦奇及其合作者在 2015 年的一篇文章中写
道，STEM 领域的文化向来是"施行一套男性化的标准与期望值，
以限制人们进行科学探索"，"STEM 领域的标准就是，科学家是果
断的、有条理的、客观的、沉着冷静的、好强的、自信的——这些
特征都与男性和男性气质相关……由于 STEM 领域与男性和男性气
质有着刻板的联系，女性会感觉到这些领域与女性相对立，会感觉
到自己与环境格格不入……据报道，越多女性感受到环境（即计算
机科学课堂）中浓厚的男性气质，就会有越少女性对加入该领域感
兴趣"。[26]

本奇等人描述的动态在明斯基的母校哈佛大学数学系似乎得以
应验。"现在和以前的男女学生和教员表示，该系缺乏女教员和女研
究生，这给女本科生创造了一个令人沮丧的环境。"在 2017 年《哈
佛校刊》的一篇文章中，汉娜·纳塔森写道，"系里的女同学经常
被告知要比男同学选更轻松的课；而且，在一个由男性主导的系里，
每天教职员工与学生以及同行与同行的互动让女性感到显眼和不舒
服。"[27] 哈佛大学数学系没有女高级教员。直到 2009 年，该系才任
命一名女性为教授，这是该系的最高职位。不久之后，这名教授去
了普林斯顿大学。从那以后，有三名女性获得了终身教授职位，但

她们都婉拒了。

在同一篇论文里，本奇等人探讨了"正向偏差"如何促成 STEM 领域的性别差异。在这项研究中，他们给了男性和女性一样的数学测试题，并且问受试者认为自己表现如何。研究人员对这些测试进行评分，再比对受试者的预测，发现男性总是高估自己的得分。"男性对自己得分的高估，导致他们比女性更有意向攻克数学领域。"这些学者这样写道，"研究发现，STEM 领域的性别差异不一定是女性低估自身能力的结果，而更可能是男性高估自身能力的结果。"

总而言之，我们有一小群倾向于高估自身数学能力的精英男士。几百年来，他们以利于机器发展为由系统地将女性和有色人种排挤在外。他们总试图让科幻小说成真，对社会公序良俗不屑一顾。他们不相信社会规范或规则同样对他们有约束作用，他们拥有大量闲置的政府资金，他们的意识形态却是极右自由主义、无政府资本主义。

这样会有什么后果？

## 第 7 章

机器学习：关于机器学习的深度学习

为了创造一个更加公正的技术世界，我们在创造技术的时候，需要接受更多不同的声音。要做到这一点，我们需要采用传统的解决方案，比如降低准入门槛，解决"管漏现象"问题（管漏问题会使处于职业生涯中期的专业人士退出或停滞不前）。我认为我们还需要增加一个非传统的解决方案——在谈论有关数字化的所有事情时，我们需要有更多的差异。说起来容易，做起来难。有一幅漫画可以说明谈论计算机科学究竟有多难，那是兰德尔·芒罗（Randall Munro）的 XKCD 漫画作品。画中，一名女子坐在电脑旁，一名男子站在她身后。

"用户拍照时，App 后台应该检测一下他们是否在国家公园内。"男子说。

"没问题，GIS（地理信息系统）很容易查到，"女子说，"给我几个小时。"

"另外，再检测用户拍的是不是鸟。"男子又说。

"没问题，我需要一个研究团队，给我五年时间。"女子说。

标题写道："在计算机科学中，很难说清楚'简单'和'几乎不可能'的区别。"[1]

既然很难解释计算机为何无法识别图像中的鸟或区分鹦鹉和牛油果酱，我们需要更多人（可能是更多数据记者？）使用平白的语言来解释复杂的科技问题，以揭开人工智能世界中更多的神秘面纱。

谈论计算太难了，这导致了很多误解。本书中反复提出的观点是，计算机在某些方面表现得非常优秀，而在另外一些方面表现得非常糟糕；而当人们误判计算机在执行任务时的参与程度时，社会问题就会产生。有一个展示了对人类来说非常简单，对计算机来说却非常复杂的典型例子，那就是在一个地板上满是玩具的房间里行走。蹒跚学步的孩子一般可以在不踩到玩具的情况下在房间内行走（当然，她可能会偏不这样干），但机器人做不到。要让机器人在满是玩具的地板上行走，我们必须编写程序记录下关于这些玩具以及它们精确尺寸的所有信息，然后让机器人在其中计算出一条路线。一旦有玩具移动，机器人就要更新数据库文档。我们在第 8 章中要讨论到的无人驾驶汽车原理，就跟这个玩具房中的假想机器人一样：它们持续不断地更新预编好的世界地图。

使用机器人也有一些可预见的缺陷，那些拥有扫地机器人和宠物的人已经率先发现了。如果宠物在地板上留下了令人作呕的东西，扫地机器人会把它弄得满屋子都是。"老实说，这经常发生。"制作 Roomba 扫地机器人的 iRobot 公司发言人于 2016 年 8 月对《卫报》说，"我们通常会告诉用户，如果你知道你的狗可能会把家里弄得一团糟，那就别安排你的扫地机在无人看管的情况下工作。家里有小动物，什么事情都有可能发生。"[2]

我可以使用委婉的语言来谈论宠物所做的令人作呕的事情，因为我们可以在不使用精确词语的情况下，使用日常语言来表达事物。

如果我说我的狗很可爱，同时又很恶心，你会明白我的意思。你的大脑可以同时吸收这两个互斥的说法，然后猜到我所说的"恶心"是什么意思。在数学语言中，没有这种委婉语。在数学中，一切语言都是高度精确的。计算文化中存在的沟通问题，就有一部分是由日常语言的不精确性和数学语言的精确性所致。举个例子，编程中有一个概念叫"变量"。编写诸如"X = 2"之类的内容，就可以给变量赋值，之后你就可以常规地使用 X 这个变量了。有两种变量：一种是会变的，叫"变量"；一种是不变的，叫"常量"。这对编程者来说是很正常的——一个变量可以是一个常量。但对不是程序员的人来讲，这就不对了——常量是不会变的，一个会变的量怎么可能是一个不会变的量呢？这种表述让人一头雾水。

变量和常量的命名问题并不新鲜。语言一直随着科学的发展而发展。在生物学中，"cell"（细胞）的得名是由于罗伯特·胡克在 1665 年发现细胞的时候，想起了修道院中僧侣们居住的单人房（cell）的墙壁。随着技术的迅猛发展，今天的命名问题尤其严重。我们正在以惊人的速度采用新的计算概念和硬件，而人们还在根据已存在的概念或工件为新出现的事物发明名称。

虽然计算机科学家和数学家往往在计算机科学和数学方面很出色，但他们这个群体对语言的细微差别往往不太敏感。如果需要给某物命名，他们不会执着于选一个具有理想的内涵和契合的拉丁词根或诸如此类的完美名称。他们只会随便选一个名字，这个名字通常跟他们喜欢的某种东西有关。Python 编程语言就是以喜剧团体 Monty Python 的名字命名的（Monty Python 是计算机科学界的净版喜剧，正如《星球大战》是计算机界的净版叙事文本一样）。Web 开发框架 Django，是以其发明者最喜欢的爵士吉他手金格·莱恩哈特（Django Reinhardt）的名字命名的。Java 语言源自一种咖啡的名字。JavaScript 与 Java 无关，与 Java 差不多同时发明，并且（不幸地）也以咖啡的名称命名。

随着"机器学习"这个术语从计算机科学界进入大多数人的视野，语言上的混淆引发了许多问题。机器学习隐含着计算机有自主权的意味，并且由于它能"学习"，因此具有某种程度的感知能力，而"学习"这个词通常适用于诸如人类这种有感知能力的生命体（或有部分感知能力的动物）。然而，计算机科学家知道，机器"学习"更偏向于表达这样一种隐喻：它意味着机器可以在它已预编程好的、常规的、自动化的任务中得到改进。尽管"学习"有某种隐含的意味，但不代表机器就能获得知识、智慧或者自主选择权。这种类型的语言混淆就是许多人误解计算机的根源。[3]

想象力也让事情变得更加复杂。如何定义人工智能，取决于你对未来的信念。马文·明斯基的学生雷·库兹韦尔（曾因发明一种能发出三角钢琴声的电子音乐合成器而闻名）是奇点理论的支持者，这个理论主张 2045 年将实现人与机器的融合。奇点在科幻小说中占非常重要的地位。我曾在一个未来学家的峰会上受访，采访者向我提出了一个关于回形针末日理论的问题："假如你发明了一台生产回形针的机器，将它的任务设定为生产回形针，又教会它制作其他东西，之后它生产出一大堆其他机器，最后所有机器接管了人类世界，会发生什么？"采访者问我："这就是奇点吗？你会为此担心吗？"想一想还挺有意思的，但这并不合理。你只要把回形针机器的电源拔下来，问题就解决了。而且，这纯粹是一种假设的情况，不是真的。

心理学家斯蒂芬·平克曾在美国电子电机工程师协会会刊

《IEEE 综览》上发表过一篇关于奇点理论的特刊文章，他写道："我们没有任何理由相信奇点即将到来。你可以想象未来的样子，但你的想象不能佐证你对未来可能性的预测。想想穹顶城市、喷气通勤背包、水下城市、一英里高的建筑和核动力汽车，这些都是我年幼的时候未来学家们对未来的幻想。它们通通没有实现。纯粹的处理能力可不是什么魔法粉尘，可以神奇地解决我们的所有问题。"[4]

　　Facebook 的扬·莱库也对奇点存疑。他在接受《IEEE 综览》采访时表示："有些人会大肆宣传奇点，比如雷·库兹韦尔，这也是意料中的事。他是一个未来主义者。在对未来的看法上，他喜欢这种实证主义观点 。他以这种方式卖了很多书。但据我所知，他对人工智能科学没有任何贡献。他售卖的产品基于技术，有些产品还颇有创意，但在概念上并不新鲜。当然，他也没有发表过任何关于如何在人工智能方面取得进展的论文。"[5]但凡是理智的聪明人，对未来会发生什么是无法达成共识的——部分原因是没有人能看到未来。

　　我将通过给"机器学习"下定义，并使用一个在数据集上执行机器学习的示例，来尝试向读者说清楚情况。我会以几种不同的方式来解释机器学习，并且演示一些代码，会涉及技术知识。如果技术部分把你搞糊涂了，没关系——你可以先浏览，以后再回头看。

　　经历了多年人们所谓的"人工智能寒冬"，人工智能在 2017 年终于大热。21 世纪前 10 年，在主流领域，人们大多忽略了人工智能。在技术界，互联网先流行起来，然后是移动设备，这些都是人们集体想象的焦点。到了 21 世纪前 10 年中期，人们开始谈论机器学习。突然间，人工智能又火了。人工智能创业公司一个接一个地创立，被收购。IBM 的机器人沃森在《危险边缘》(*Jeopardy!*)游戏中击败了一名人类选手，一种算法在围棋比赛中击败了人类棋手。即使只看名字，"机器学习"这个名字也很酷。机器能够学习！我们所期望的东西实现了！

起初，我想相信是某个天才已经找到了让机器思考的方法。但仔细观察之后，我才发现不是这么回事。原来，科学家们只是重新定义了"机器学习"这个术语，以便用它来表述他们所从事的工作。他们过于频繁地使用这个词，以至于它的意义发生了改变。

语言就是这样的，它是流动的。英文中的"literally"（"真的"，指字面意义）就是一个很好的例子，它曾经是"figuratively"（"好像"，具有比喻意义）的反义词。20 世纪 90 年代，如果你说"我吃了那个魔鬼辣椒酱之后，我的嘴真的（literally）着火了"，这表示你的嘴上真的有火焰，而你正在使用这个从三级烧伤恢复过来的嘴巴跟我说话。然而，到了 21 世纪，一大批人开始使用"literally"代替"figuratively"，来表示比喻和强调。"我要是再听一遍约翰·梅尔那首歌，我真的（literally）要杀人了！"这会被理解为"我不想再听一次约翰·梅尔那首歌了"，而不是关于谋杀或伤害的陈述。

1959 年，"机器学习"这个术语被《牛津英语词典》收录。在2000 年出版的第三版中，《牛津英语词典》开始将"机器学习"视作短语，定义如下：

> **机器学习**（machine learning）名词（计），计算机从经验中学习的能力，是一种基于新采集的信息改进算法的能力。
>
> 1959 年　《IBM 公司研究与开发杂志》(*IBM Journal*)

卷 3，211/1 我们的计算机具有足够的数据处理能力和计算速度，可以好好利用机器学习技术。

1990 年 《新科学家》(*New Scientist*) 9 月 8 日刊，78/1 斯坦福大学的道格·莱纳特 (Doug Lenat) 开发 Eurisko 程序 (第二代机器学习系统程序) 时，他还以为他创造出了真正的人工智能。[6]

这个定义没有错，但它并没有完全表达出当代计算机科学家使用这个术语的方式。《牛津计算机科学词典》中对其有更加全面的定义：

机器学习

人工智能的一个分支，涉及从经验中学习的程序结构。"学习"可以有多种形式，包括实例学习、类比学习、概念自主学习和发现学习，等等。

在增量学习模式下，算法会随新数据的到来而持续改进。而单样本学习或批量学习将训练阶段和应用阶段区分开来。当输入的训练数据被明确进行了类标签标记时，那就是监督学习。

大多数算法学习模式凭借系统从大量密切相关的数据中概而括之得出高效且有效的表述，从而提炼出通用性。[7]

这个定义更加贴切，但仍然不完全正确。Scikit-learn 是一个非常受欢迎的 Python 机器学习库，它的官方文档中对"机器学习"有一个不同的定义："机器学习是学习一个数据集的一些属性，并将它们应用到新数据上。因此，在机器学习中，评估一个算法的常见做法是将数据分成两组：一组为训练集，用以学习数据属性；另一组为测试集，用以检测数据属性。"[8]

一个术语在不同来源之间存在这么多分歧是很少见的，比如"狗"的定义在各处就高度一致。但是，"机器学习"实在太新了，共识太少，所以语言学的定义没能跟上现实也就不足为奇了。

汤姆·米切尔是卡内基梅隆大学计算机科学学院机器学习系弗雷德金[*]教授，他在论文《机器学习中的规则》（"The Discipline of Machine Learning"）中给机器学习下了一个很好的定义。他写道："对于某类指定任务 T、性能指标 P 和经验 E，如果一台机器在 T 上以 P 衡量的性能随着经验 E 而不断自我完善，那么我们称这台机器在从经验 E 学习。根据我们对 T、P、E 的具体设定，学习任务也可以这样命名：数据挖掘、自主发现、数据库更新、示例编程，等等。"[9] 我认为这是一个很好的定义，因为米切尔用了非常精确的语言来定义"学习"。所谓机器"学习"，并不意味着机器有一个由金属制成的大脑，而是指机器根据人类定义的衡量指标，在执行单个特定任务时更加准确。

这种学习并不等同于智力。程序员及顾问乔治·V. 内维尔-尼尔在《美国计算机学会通讯》（Communications of the ACM）上写道：

> 人类跟计算机进行国际象棋比赛已经有将近 50 年历史了，但这是否意味着有哪一台计算机拥有智力？不，它们都没有。原因有两个。首先，国际象棋不是对智力进行的测试，它只测试一种技能——下象棋的技能。如果我可以击败一名特级大师

---

[*] 弗雷德金（Fredkin）教授是卡内基梅隆大学纪念为人工智能做出巨大贡献的物理学家爱德华·弗雷德金（Edward Fredkin）所设的教席。——译者注

级别的棋手，但当你让我把桌上的盐递给你，我却做不到，我
能算拥有高智力吗？第二，认为象棋代表智力其实基于一种错
误的文化前提——认为优秀的棋手头脑聪明，比周围的人更有
天赋。没错，许多聪明的人擅长国际象棋，但国际象棋或任何
单一的技能并不代表智力。[10]

机器学习一般有三种类型：监督学习、无监督学习和强化学习。
以下是加州大学伯克利分校教授斯图尔特·罗素和谷歌研究主管彼
得·诺维格撰写的一本被广泛使用的教科书《人工智能：一种现代
的方法》中对这三种类型的定义：

监督学习：计算机被"教师"给定一组示例的输入数据和
所需的输出数据，目的是通过将输入数据映射到输出数据，习
得一般规则。

无监督学习：给学习算法输入的数据不带标签，使其自行
在数据中发现结构。无监督学习的目的可以是无监督学习本身
（发现数据中的隐藏模式）或者通过无监督学习达到其他目的
（特征学习）。

强化学习：计算机程序在一个动态环境中执行某个动作，
并与环境发生交互（如驾驶车辆，或与对手玩游戏）。程序会在
试探它的问题空间时收到环境返回的奖励和惩罚方面的反馈。[11]

监督学习是其中最直接的一种方法。机器得到的是训练数据和
带标签的输出数据。这相当于我们告诉了机器我们想要找到什么，
然后对模型进行微调，让它能够预测到我们已知的事情。

　　这三种机器学习都依赖于训练数据。训练数据是用于训练和调整机器学习模型的已知数据集。假设我有一份训练数据，是一个大约包含 10 万个信用卡账户数据的数据库。信用卡公司拥有的客户数据都有什么，你能想到的，这个数据库都有：姓名、年龄、地址、信用评分、利率、账户余额、账户联名者姓名、费用清单、支出金额与日期的记录，等等。假设我们的目的是让机器学习模型能够准确预测可能逾期还款的账户。我们想找出这些人，因为只要逾期还款，账户的利率就会提高，这意味着信用卡公司会获得更多利息。我们手上有这 10 万个人的逾期还款记录作为训练集。我们可以针对这个数据集运行一个机器学习算法，来预测我们已知的内容。算法会以此形成一个模型，我们可以在测试数据集上使用这个模型。测试集与训练集一样，不同的是测试集没有一个实际逾期还款的账户清单。如果检测可行，之后我们就可以在真实的账户数据上部署这个模型了。

　　现在已有几种不同的机器学习算法可被应用于已知数据集，比如随机森林、决策树、最近邻、朴素贝叶斯或隐藏式马尔可夫等。记住，算法是计算机执行任务需要遵循的一系列步骤或过程。在机器学习中，算法与变量相结合才可以创建数学模型。凯西·奥尼尔的《数学杀伤性武器》（*Weapons of Math Destruction*）对模型做了精彩的解读。奥尼尔解释说，我们一直在无意识地给事物建立模型。当我要考虑晚餐做什么时，我会建立一个模型：我的冰箱里有什么食材，我可以用这些食材做什么菜，当晚有谁要来吃饭（通常是我丈夫、我儿子和我），他们有什么饮食偏好。我评估了各种菜，回顾以前做这些菜时的情景——谁经常吃哪种菜、哪种食材上了那张时时更新的避食清单：腰果、冷冻蔬菜、椰子、动物内脏。根据拥有的食材和人们的喜好决定要做的菜，我是在为这一系列特征优化我的烹饪选择。建立一个数学模型，意味着使用数学术语对数据特征和选择进行格式化。[12]

假设我要做一个机器学习模型，首先要抓取数据集。网上的资源库收录了很多有意思的数据集，可用于机器学习实践。它们包括面部表情数据集、宠物数据集或YouTube视频数据集，还有已倒闭的公司（如安然公司）的工作人员发送的电子邮件数据集、20世纪90年代新闻讨论组（如Usenet）的对话数据集、倒闭的社交网络公司（如Friendster）的朋友关系数据集、人们使用流媒体服务（如Netflix）观看的电影数据集、人们用不同的口音表达常用短语的数据集以及人们杂乱的笔迹数据集等等。这些数据集来自那些活跃的企业、网站、大学研究人员、志愿者以及倒闭的公司。这为数不多的标志性数据集被发布到网络上，成为当代所有人工智能的基石。你甚至可以在里面找到自己的数据。我有个朋友甚至曾在一个行为科学档案库里找到了自己蹒跚学步时的视频。她的母亲在她小时候带她参加过一个亲子行为研究项目，研究者仍留有那些视频，而且仍用它来分析当下的世界。

现在，让我们来做一次经典的实践练习：使用机器学习来预测谁在"泰坦尼克号"失事事件中幸存下来。想一下，"泰坦尼克号"撞上冰山后发生了什么事？你的脑海里是不是浮现了莱昂纳多·迪卡普里奥和凯特·温斯莱特在甲板上穿行逃生的画面？那不是真的。但如果你跟我一样看了很多遍这部电影，它可能会歪曲你对事件的回忆。这部电影，你可能至少看过一遍。电影《泰坦尼克号》在美国的票房是6.59亿美元，海外票房高达15亿美元，是1997年全球票房最高的电影，也是有史以来全球第二卖座的电影（《泰坦尼克号》导演詹姆斯·卡梅隆执导的另一部大片《阿凡达》的票房位居全球第一）。《泰坦尼克号》在院线上映了将近一年，部分是由于年轻人的推动，他们到电影院看了一遍又一遍。[13]《泰坦尼克号》已经成为我们集体记忆的一部分，就像真实的"泰坦尼克号"失事灾难一样。我们的大脑总会把真实的事件和虚构的写实小说混淆在一起。这很不幸，但完全正常。这种混淆使得我们对风险的理解更加复杂。

我们基于启发法或非正式规则得出有关风险的结论。启发法产生的知识被当事人容易回想起的故事和情感共鸣的经历影响。比如，《纽约时报》专栏作家查尔斯·布洛小的时候，曾被一条恶狗袭击，那条狗差点撕裂他的脸。他在回忆录中写道，当他成年后，他仍对陌生的狗保持警惕。[14] 这是完全合理的。在幼年的时候被大型动物袭击，创伤是极大的。他在余生中再次看到狗时，第一件事肯定是会想到小时候被袭击的情景。阅读这本回忆录时，我与这个小男孩产生了共鸣。当他感到害怕时，我也感到害怕。读了布洛这本书的第二天，我在家附近的公园看到一名男子在遛狗，但没有用牵引绳，我立刻想到了布洛。我想，其他怕狗的人大概会因这条狗没有拴牵引绳而感到不舒服。我不禁想，这条狗会不会突然发狂，如果它发狂，会发生什么。这个故事影响了我对风险的看法。就是出于这种想法，人们才会在多次看了《法律与秩序：特殊受害者》之后，随身带着胡椒喷雾剂，也才会在看了恐怖电影之后，开车要先检查后座上有没有恶心的东西。这种情况，专业术语叫作"可得性启发法"。[15] 首先浮现在脑海里的情景通常是我们认为最重要或最常发生的故事。

大概是因为"泰坦尼克号"的灾难深深刻在了人们的集体记忆

中，所以它常被用于机器学习的教学。具体说来是这样的：用"泰坦尼克号"上的乘客名单，教学生如何使用数据进行预测。它很适合作为课堂练习，因为几乎所有学生都看过《泰坦尼克号》，或至少知道这场灾难。这对教师非常有价值，因为他们不需要占用课堂时间来回顾历史背景，可以单刀直入，直接讲到预测的部分。

接下来，跟着我玩一遍其中好玩的部分吧。我认为亲眼看一遍机器学习的全过程是非常重要的。如果你有兴趣自己动手做机器学习练习，有很多网站有相关的教程。我们将浏览一个名为 DataCamp 的网站，这是一个名为 Kaggle 的站点为参加数据科学竞赛的网友推荐的入门教程网站。[16] Kaggle 站点属于谷歌母公司 Alphabet 旗下，人们在这个网站上竞相分析数据集，以获得高分。数据科学家们会在该网站上组队比赛、磨炼技能，或与别人实操协作。这个网站对于向学生讲授数据科学或查找数据集也很有用。

下面，我们将在 DataCamp 上做一个"泰坦尼克号"的机器学习教程。我们会使用 Python 和几个常用的 Python 库，比如 pandas、scikit-learn 和 numpy。所谓"库"，就是放在互联网某个地方的一小堆函数。将库导入，就是将这些函数提供给我们正在编写的程序使用。你可以借助实体图书馆 * 来理解库的概念。我是纽约市立图书馆的会员。每次我要在一个地方待一周以上，无论是工作还是度假，我都会去当地的图书馆办一张借书证。有了这张借书证，当地图书馆的所有图书和资源都可以为我所用。在我成为某地图书馆会员的那段时间，我既可以使用我的核心资源——纽约市立图书馆的资源，又可以使用一份独特资源——当地图书馆的资源。在 Python 程序

---

* 在英文中，"库"与"图书馆"都是 library。——译者注

中，我们首先有一大堆 Python 内置函数，这就好比是纽约市立图书馆的资源。把新库导入程序，则像是办了一张当地图书馆的借书证。例如，我们的程序可以使用核心 Python 库里的所有好东西，外加研究者和开源开发者们编写的实用函数。就是这些人，编写并发布了 scikit-learn 库。

我们将要使用的另一个库是 pandas。pandas 有一个名为 DataFrame（数据框）的容器，用来"保存"一组数据。与面向对象的编程一样，这种类型的容器也被称为"对象"。它是编程中的一个通用术语，在现实世界中也一样。在编程中，"对象"就像一个包裹，里面包含了一小部分数据、变量和代码。"对象"这一标签让我们能更好地理解它，我们需要将这种抽象的比特包概念化成某种东西，以便对它做进一步思考和讨论。

首先，我们要将数据分成两组：训练数据和测试数据。我们要开发一个模型，用训练数据来训练它，然后让它在测试数据上运行。还记得广义人工智能和狭义人工智能的说法吗？这就是狭义人工智能。现在，我们输入以下内容：

```
import pandas as pd
import numpy as np
from sklearn import tree, preprocessing
```

我们刚刚导入了几个用于分析的库，给它们分别起了别名。Pandas 是"pd"，numpy 是"np"。现在，我们可以使用 pandas 库和 numpy 库中的所有函数了。我们可以选择导入它们的全部函数，也可以只导入一部分。我们从 scikit-learn 库中只导入两个函数，一个是 tree，另一个是 preprocessing。

接下来，我们从一个网上找来的 CSV 文件中导入数据。具体而言，这个 CSV 文件位于亚马逊网络服务（AWS）的服务器上。我们可以看出这个文件的位置，因为它的基本 URL 地址（http:// 后面内容的第一部分）是 s3.amazonaws.com。CSV 文件的全称是 comma-separated values（逗号分隔值），它是一种结构化数据文件，每一列数据用半角逗号分隔。我们将从亚马逊网络服务导入两个不同的"泰坦尼克号"数据文件。一个是训练数据集，另一个是测试数据集。这两个数据集均为 CSV 格式。让我们导入数据：

```
train_url =
"http://s3.amazonaws.com/assets.datacamp.com/course/Kaggle/
train.csv"
train = pd.read_csv(train_url)

test_url = "http://s3.amazonaws.com/assets.datacamp.com/
course/Kaggle/test.csv"
test = pd.read_csv(test_url)
```

pd.read_csv() 的意思是"请调用 read_csv() 函数，它位于 pd（即 pandas）库里"。从技术层面讲，我们创建了一个 DataFrame 对象，并且调用了它的一个内置方法。不管怎么说，现在数据已经导入了。现在将数据导入两个变量：训练和测试。我们将使用训练变量中的数据来创建模型，然后使用测试变量中的数据来测试模型的准确性。

我们来看看训练数据集的开头（或者头几行）是什么。

print(train.head())

	乘客 ID	是否生还	船舱等级
0	1	0	3
1	2	1	1
2	3	1	3
3	4	1	1
4	5	0	3

	姓名	性别	年龄	同船的兄弟 / 姐妹 / 配偶数量
0	Braund, Mr. Owen Harris	male	22.0	1
1	Cumings, Mrs. John Bradley (Florence Briggs Th...	female	38.0	1
2	Heikkinen, Miss. Laina	female	26.0	0
3	Futrelle, Mrs. Jacques Heath (Lily May Peel)	female	35.0	1
4	Allen, Mr. William Henry	male	35.0	0

	同船的父母 / 子女数量	票号	票价	客舱号	登船港口
0	0	A/5 21171	7.2500	NaN	S
1	0	PC 17599	71.2833	C85	C
2	0	STON/O2. 3101282	7.9250	NaN	S
3	0	113803	53.1000	C123	S
4	0	373450	8.0500	NaN	S

这些数据看起来有 12 列。这些数据列被标记为：PassengerId、
Survived、Pclass、Name、Sex、Age、SibSp、Parch、Ticket、Fare、
Cabin 和 Embarked。这些列标题是什么意思？

要回答这个问题，我们需要一个数据字典。绝大多数数据集都
带有数据字典，它的数据字典这样解释道：

Pclass：船舱等级（1 为一等，2 为二等，3 为三等）

Survived：是否生还（0 为否，1 为是）

Name：姓名

Sex：性别

Age：年龄（按年计，不足 1 的部分表述成小数，推测年龄记作 xx.5）

Sibsp：同船的兄弟 / 姐妹 / 配偶数量

Parch：同船的父母 / 子女数量

Ticket：票号

Fare：票价（1970 年以前发行的英镑）

Cabin：客舱号

Embarked：登船港口（C 为瑟堡，Q 为昆斯敦，S 为南安普敦）

大多数列都有数据，也有一些列没有数据。看看 PassengerId 1，
Mr. Owen Harris Braund 这个数据的 cabin 值是 NaN。NaN 表示"不
是数字"（not a number），它和 0 不一样。0 是数字，NaN 表示这
个变量没有值。这点区别可能对日常生活来说一点也不重要，但在
计算机科学中是至关重要的。别忘了，数学语言是精确的。比如，
NULL 表示空集，它跟 NaN 或 0 也不一样。

我们来看看测试数据集的头几行是什么。

print(test.head())

	乘客 ID	船舱等级	姓名	性别
0	892	3	Kelly, Mr. James	male
1	893	3	Wilkes, Mrs. James (Ellen Needs)	female
2	894	2	Myles, Mr. Thomas Francis	male
3	895	3	Wirz, Mr. Albert	male
4	896	3	Hirvonen, Mrs. Alexander (Helga E Lindqvist)	female

	年龄	同船的兄弟 / 姐妹 / 配偶数量	同船的父母 / 子女数量	票号	票价	客舱号	登船港口
0	34.5	0	0	330911	7.8292	NaN	Q
1	47.0	1	0	363272	7.0000	NaN	S
2	62.0	0	0	240276	9.6875	NaN	Q
3	27.0	0	0	315154	8.6625	NaN	S
4	22.0	1	1	3101298	12.2875	NaN	S

你可以看到，测试集的数据类型跟训练集几乎一模一样，只是没有了"survived"那一列。太棒了！我们的目标是在测试集里面创建一个"survived"列，预测出每位乘客的幸存状态。（当然，有人已经知道测试数据集中有哪些乘客得以幸存。但是，如果数据集中已经包含答案，这就不是一个很好的教程了。）

接下来，我们将对训练数据做一次基本概括统计，以便更好地了解它。我们数据记者将这个过程叫作"采访数据"。我们就像采访人类那样对数据进行采访。人有姓名、年龄、背景；数据集有大小，有许多列数据。向一列数据询问它的平均值，有点像要求一个人写出他的姓氏。

我们可以通过运行 describe 函数来了解我们的数据。这个函数能够汇编一些基本的汇总统计数据，并将它们放入一个简便的表格中。

train.describe()

	乘客 ID	是否生还	船舱等级	年龄	同船的兄弟 / 姐妹 / 配偶数量	同船的父母 / 子女数量	票价
计数	891.000000	891.000000	891.000000	714.000000	891.000000	891.000000	891.000000
平均值	446.000000	0.383838	2.308642	29.699118	0.523008	0.381594	32.204208
标准差	257.353842	0.486592	0.836071	14.526497	1.102743	0.806057	49.693429
最小值	1.000000	0.000000	1.000000	0.420000	0.000000	0.000000	0.000000
25%	223.500000	0.000000	2.000000	20.125000	0.000000	0.000000	7.910400
50%	446.000000	0.000000	3.000000	28.000000	0.000000	0.000000	14.454200
75%	668.500000	1.000000	3.000000	38.000000	1.000000	0.000000	31.000000
最大值	891.000000	1.000000	3.000000	80.000000	8.000000	6.000000	512.329200

　　训练数据集有 891 条记录，其中只有 714 条记录显示了乘客的年龄。在这些有记录的数据中，乘客的平均年龄是 29.699118 岁。一般人会说平均年龄是 30 岁。

　　其中有一些统计数据需要解释。Survived 变量的最小值是 0，最大值是 1。换句话说，这是一个布尔值。一个人要么幸存（1），要么没有幸存（0）。我们可以计算出它的平均值，结果是 0.38。同样，我们也可以计算出 Pclass 的平均值。船票分一等、二等、三等，它的平均值是 2.308，不代表有人买了 2.308 等的船票。

　　现在，我们对这份数据已经有了一点了解，是时候做一些分析了。我们来看看乘客的数量。我们可以使用 value_counts 函数来统计。这个函数可以统计出每一列数据中不同的数据分别有多少个值。换句话说：每一个等级的船舱中分别有多少名乘客？让我们来看看：

```
train["Pclass"].value_counts()
```

```
1    216
2    184
3    491
Name: Pclass, dtype: int64
```

训练数据显示，有 491 名乘客持三等票，184 名乘客持二等票，216 名乘客持一等票。

我们看看幸存者的数量：

```
train["Survived"].value_counts()
```

```
0    549
1    342
Name: Survived, dtype: int64
```

训练数据显示，有 549 人遇难，342 人幸存。我们来看看归一化处理后的数字：

```
print(train["Survived"].value_counts(normalize = True))
```

```
0    0.616162
1    0.383838
Name: Survived, dtype: float64
```

遇难乘客有 62%，幸存乘客有 38%。换句话说，大部分人死于这场灾难。如果要预测一名随机乘客是否幸存，预测结果可能是，他未能幸存。

至此，可以随时结束这次练习，因为我们已经得到了一个可以做出合理预测的结论。不过，我们可以做得更好，所以不妨继续吧。还有没有什么因素可以帮我们改进预测机制呢？除了 Survived，我们的数据集中还有很多列其他的数据：Pclass、Name、Sex、Age、SibSp、Parch、Ticket、Fare、Cabin 和 Embarked。

Pclass 代表乘客的社会经济阶层，这可能是一个有用的预测指标。我们可以猜测，一等票乘客比三等票乘客优先登救生艇。性别也是一个可供合理推算的预测指标。我们知道，"妇女和儿童优先"是海难逃生的常用原则。这条原则可以追溯到 1852 年英国皇家海军舰艇"伯肯黑德"在南非海岸搁浅的事故。这不是一条放之四海而皆准的原则，但它的有效频次用于社会分析是足够的。

现在，我们来做一些比较，看看能不能找到能用来做预测的变量。

```
# 幸存乘客 vs 遇难乘客
print(train["Survived"].value_counts())
0    549
1    342
Name: Survived, dtype: int64

# 表示为占比
print(train["Survived"].value_counts(normalize = True))
0    0.616162
1    0.383838
Name: Survived, dtype: float64
```

```
# 幸存男性乘客 vs 遇难男性乘客
print(train["Survived"][train["Sex"] == 'male'].value_counts())
0       468
1       109
Name: Survived, dtype: int64
```

```
# 幸存女性乘客 vs 遇难女性乘客
print(train["Survived"][train["Sex"] == 'female'].value_counts())
1       233
0        81
Name: Survived, dtype: int64
```

```
# 对男性幸存者做归一化处理
print(train["Survived"][train["Sex"] == 'male'].value_counts
(normalize=True))
0       0.811092
1       0.188908
Name: Survived, dtype: float64
```

```
# 对女性幸存者做归一化处理
print(train["Survived"][train["Sex"] == 'female'].value_counts
(normalize=True))
1       0.742038
0       0.257962
Name: Survived, dtype: float64
```

　　统计显示，女性乘客中有 74% 幸存，男性乘客中只有 18% 幸存。因此，我们可能会对随机乘客的预测结果做调整：如果是女性乘客，我们预测她幸存了；如果是男性乘客，我们预测他没有幸存。

　　还记得前面我们说到的练习目标吗？在测试集里面创建一个"survived"列，预测出每位乘客的幸存状态。至此，我们可以创建一个 survived 列，给这 74% 的女性乘客标记为 1（表示"没错，这名乘客幸存了"），给剩下的女性乘客标记为 0（表示"不，这名乘客没有幸存"）；我们可以给那 18% 的男性乘客标记为 1，给剩下的男性乘客标记为 0。

　　但我们不会这么做，因为这样就意味着算法将仅根据性别来随机分配预测结果。我们知道，数据集中还有其他因素会影响预测结果（如果你想详细了解这一点是如何确定的，建议你看看 DataCamp 教程或类似的在线教程）。三等舱的女性乘客的情况是什么样的？一等舱的女性乘客呢？与配偶一起乘船的女性情况如何？携带儿童的女性乘客呢？手动计算这些数据是非常烦琐的，我们可以根据已知的因素训练一个模型，来为我们做预测。

　　我们将使用一种特殊的算法——决策树来构建这个模型。在机器学习中，有很多标准的算法，比如决策树、随机森林、人工神经网络、朴素贝叶斯、k-最近邻和深度学习等。维基百科上有一个非常全面的机器学习算法列表。

　　这些算法被其开发者打包成像 pandas 这样的软件。很少有人会自己编写机器学习算法，使用现成的算法要轻松得多。编写新的算法就像发明一门新的编程语言一样，你必须非常上心，而且必须投入大量时间。如果你想问我模型内部的原理，我会摆摆手说："就是数学呗。"抱歉，如果你真想了解这方面的知识，我建议你阅读其他的相关图书。这些知识很有意思，但不在本书的内容范围内。

现在，让我们在训练数据集上训练这个模型。我们从刚才的探索性分析中了解到，票价等级和性别是重要的因素。我们要预测的是乘客的幸存情况。训练数据中已经有了乘客的幸存数据，我们现在要让这个模型去预测出结果，然后与事实做对比。无论对比得出的结果是多少，那就是目前模型的准确率。

大数据世界里有一个公开的秘密：所有的数据都是脏数据，无一例外。数据是由人们四处走动和计算，或是人类制造的传感器收集来的东西。在所有看似有序的数字序列中，都有噪声数据的存在。这里乱糟糟，那里缺胳膊少腿儿，这就是生活。问题是，脏数据不能用来做计算。所以，在机器学习中，为了让函数能跑得顺畅，我们有时候必须先编造出一些东西。

吓坏了吧？我第一次意识到这一点时，也吓坏了。作为一名记者，我怎么能胡编乱造呢？我必须对每一行字进行事实核查，并且向事实核查人、编辑或我的读者证明它是正确的。然而，在机器学习中，人们经常在方便的时候编造一些东西。

现在，在物理学中，你就可以这样做。如果你想知道一个密闭的容器中 A 点的温度，可以在两个跟 A 距离相等的点（B 点与 C 点）测量温度，然后假定 A 点的温度是 B 点和 C 点的中间值。而在统计学中，这反而就是正常的工作原理，而这种数据的缺失有助于研究内在不确定性。我们将使用一个名为 fillna 的函数来填补所有缺失的值：

```
train["Age"] = train["Age"].fillna(train["Age"].median())
```

Fillna 是一个用以填补缺失值的函数，毕竟缺失值会导致算法无法顺利运行。因此，我们需要把空缺的值填补好。在这里，DataCamp 推荐我们使用中位数。

我们来看看数据集中都有什么：

显示训练数据，查看可用特征

print(train)

	乘客 ID	是否生还	船舱等级
0	1	0	3
1	2	1	1
2	3	1	3
3	4	1	1
4	5	0	3
5	6	0	3
6	7	0	1
7	8	0	3
8	9	1	3
9	10	1	2
10	11	1	3
11	12	1	1
12	13	0	3
13	14	0	3
14	15	0	3
15	16	1	2
16	17	0	3
17	18	1	2
18	19	0	3
19	20	1	3
20	21	0	2
21	22	1	2
22	23	1	3

续表

	乘客 ID	是否生还	船舱等级
23	24	1	1
24	25	0	3
25	26	1	3
26	27	0	3
27	28	0	1
28	29	1	3
29	30	0	3
..	...	...	...
861	862	0	2
862	863	1	1
863	864	0	3
864	865	0	2
865	866	1	2
866	867	1	2
867	868	0	1
868	869	0	3
869	870	1	3
870	871	0	3
871	872	1	1
872	873	0	1
873	874	0	3
874	875	1	2
875	876	1	3
876	877	0	3
877	878	0	3
878	879	0	3
879	880	1	1
880	881	1	2
881	882	0	3
882	883	0	3

续表

	乘客 ID	是否生还	船舱等级
883	884	0	2
884	885	0	3
885	886	0	3
886	887	0	2
887	888	1	1
888	889	0	3
889	890	1	1
890	891	0	3

	姓名	性别	年龄	同船的兄弟/姐妹/配偶数量
0	Braund, Mr. Owen Harris	male	22.0	1
1	Cumings, Mrs. John Bradley (Florence Briggs Th...	female	38.0	1
2	Heikkinen, Miss. Laina	female	26.0	0
3	Futrelle, Mrs. Jacques Heath (Lily May Peel)	female	35.0	1
4	Allen, Mr. William Henry	male	35.0	0
5	Moran, Mr. James	male	28.0	0
6	McCarthy, Mr. Timothy J	male	54.0	0
7	Palsson, Master. Gosta Leonard	male	2.0	3
8	Johnson, Mrs. Oscar W (Elisabeth Vilhelmina Berg)	female	27.0	0
9	Nasser, Mrs. Nicholas (Adele Achem)	female	14.0	1
10	Sandstrom, Miss. Marguerite Rut	female	4.0	1
11	Bonnell, Miss. Elizabeth	female	58.0	0
12	Saundercock, Mr. William Henry	male	20.0	0
13	Andersson, Mr. Anders Johan	male	39.0	1
14	Vestrom, Miss. Hulda Amanda Adolfina	female	14.0	0
15	Hewlett, Mrs. (Mary D Kingcome)	female	55.0	0
16	Rice, Master. Eugene	male	2.0	4
17	Williams, Mr. Charles Eugene	male	28.0	0

	姓名	性别	年龄	同船的兄弟/姐妹/配偶数量
18	Vander Planke, Mrs. Julius (Emelia Maria Vande...	female	31.0	1
19	Masselmani, Mrs. Fatima	female	28.0	0
20	Fynney, Mr. Joseph J	male	35.0	0
21	Beesley, Mr. Lawrence	male	34.0	0
22	McGowan, Miss. Anna "Annie"	female	15.0	0
23	Sloper, Mr. William Thompson	male	28.0	0
24	Palsson, Miss. Torborg Danira	female	8.0	3
25	Asplund, Mrs. Carl Oscar (Selma Augusta Emilia...	female	38.0	1
26	Emir, Mr. Farred Chehab	male	28.0	0
27	Fortune, Mr. Charles Alexander	male	19.0	3
28	O'Dwyer, Miss. Ellen "Nellie"	female	28.0	0
29	Todoroff, Mr. Lalio	male	28.0	0
..	…		…	…
861	Giles, Mr. Frederick Edward	male	21.0	1
862	Swift, Mrs. Frederick Joel (Margaret Welles Ba...	female	48.0	0
863	Sage, Miss. Dorothy Edith "Dolly"	female	28.0	8
864	Gill, Mr. John William	male	24.0	0
865	Bystrom, Mrs. (Karolina)	female	42.0	0
866	Duran y More, Miss. Asuncion	female	27.0	1
867	Roebling, Mr. Washington Augustus II	male	31.0	0
868	van Melkebeke, Mr. Philemon	male	28.0	0
869	Johnson, Master. Harold Theodor	male	4.0	1
870	Balkic, Mr. Cerin	male	26.0	0
871	Beckwith, Mrs. Richard Leonard (Sallie Monypeny)	female	47.0	1
872	Carlsson, Mr. Frans Olof	male	33.0	0
873	Vander Cruyssen, Mr. Victor	male	47.0	0
874	Abelson, Mrs. Samuel (Hannah Wizosky)	female	28.0	1
875	Najib, Miss. Adele Kiamie "Jane"	female	15.0	0
876	Gustafsson, Mr. Alfred Ossian	male	20.0	0
877	Petroff, Mr. Nedelio	male	19.0	0
878	Laleff, Mr. Kristo	male	28.0	0

续表

	姓名	性别	年龄	同船的兄弟/姐妹/配偶数量
879	Potter, Mrs. Thomas Jr (Lily Alexenia Wilson)	female	56.0	0
880	Shelley, Mrs. William (Imanita Parrish Hall)	female	25.0	0
881	Markun, Mr. Johann	male	33.0	0
882	Dahlberg, Miss. Gerda Ulrika	female	22.0	0
883	Banfield, Mr. Frederick James	male	28.0	0
884	Sutehall, Mr. Henry Jr	male	25.0	0
885	Rice, Mrs. William (Margaret Norton)	female	39.0	0
886	Montvila, Rev. Juozas	male	27.0	0
887	Graham, Miss. Margaret Edith	female	19.0	0
888	Johnston, Miss. Catherine Helen "Carrie"	female	28.0	1
889	Behr, Mr. Karl Howell	male	26.0	0
890	Dooley, Mr. Patrick	male	32.0	0

	同船的父母/子女数量	票号	票价	客舱号	登船港口
0	0	A/5 21171	7.2500	NaN	S
1	0	PC 17599	71.2833	C85	C
2	0	STON/O2. 3101282	7.9250	NaN	S
3	0	113803	53.1000	C123	S
4	0	373450	8.0500	NaN	S
5	0	330877	8.4583	NaN	Q
6	0	17463	51.8625	E46	S
7	1	349909	21.0750	NaN	S
8	2	347742	11.1333	NaN	S
9	0	237736	30.0708	NaN	C
10	1	PP 9549	16.7000	G6	S
11	0	113783	26.5500	C103	S
12	0	A/5. 2151	8.0500	NaN	S
13	5	347082	31.2750	NaN	S

续表

	同船的父母/子女数量	票号	票价	客舱号	登船港口
14	0	350406	7.8542	NaN	S
15	0	248706	16.0000	NaN	S
16	1	382652	29.1250	NaN	Q
17	0	244373	13.0000	NaN	S
18	0	345763	18.0000	NaN	S
19	0	2649	7.2250	NaN	C
20	0	239865	26.0000	NaN	S
21	0	248698	13.0000	D56	S
22	0	330923	8.0292	NaN	Q
23	0	113788	35.5000	A6	S
24	1	349909	21.0750	NaN	S
25	5	347077	31.3875	NaN	S
26	0	2631	7.2250	NaN	C
27	2	19950	263.0000	C23 C25 C27	S
28	0	330959	7.8792	NaN	Q
29	0	349216	7.8958	NaN	S
…	…	…	…	…	…
861	0	28134	11.5000	NaN	S
862	0	17466	25.9292	D17	S
863	2	CA. 2343	69.5500	NaN	S
864	0	233866	13.0000	NaN	S
865	0	236852	13.0000	NaN	S
866	0	SC/PARIS 2149	13.8583	NaN	C
867	0	PC 17590	50.4958	A24	S
868	0	345777	9.5000	NaN	S
869	1	347742	11.1333	NaN	S
870	0	349248	7.8958	NaN	S
871	1	11751	52.5542	D35	S
872	0	695	5.0000	B51 B53 B55	S
873	0	345765	9.0000	NaN	S
874	0	P/PP 3381	24.0000	NaN	C
875	0	2667	7.2250	NaN	C

	同船的父母 / 子女数量	票号	票价	客舱号	登船港口
876	0	7534	9.8458	NaN	S
877	0	349212	7.8958	NaN	S
878	0	349217	7.8958	NaN	S
879	1	11767	83.1583	C50	C
880	1	230433	26.0000	NaN	S
881	0	349257	7.8958	NaN	S
882	0	7552	10.5167	NaN	S
883	0	C.A./ SOTON 34068	10.5000	NaN	S
884	0	SOTON/ OQ 392076	7.0500	NaN	S
885	5	382652	29.1250	NaN	Q
886	0	211536	13.0000	NaN	S
887	0	112053	30.0000	B42	S
888	2	W./C. 6607	23.4500	NaN	S
889	0	111369	30.0000	C148	C
890	0	370376	7.7500	NaN	Q

［共 891 行 *12 列］

如果你阅读了上面数百行内容，那就太厉害了。但如果你将其跳过，我也不会感到惊讶。这里列出了许多行数据，而不是使用一个小的子集，用以说明成为数据科学家的感觉。使用数字行列会让人感到价值中立，有时十分乏味。仅处理数字时，容易让人忽视"人性"这一因素——我们容易忘记，数据集中的每一行都代表一个充满希望、梦想、家庭温情和历史掌故的真实人物。

看过原始数据，现在我们可以开始处理它了。我们先将原始数据转换为数组，这是一种计算机能够使用的数据结构。

```
# 创建两个 numpy 数组：target、features_one
target = train["Survived"].values

# 预处理数据
encoded_sex = preprocessing.LabelEncoder()

# 转换成数字
train.Sex = encoded_sex.fit_transform(train.Sex)
features_one = train[["Pclass", "Sex", "Age", "Fare"]].values

# 拟合你的第一个决策树：my_tree_one
my_tree_one = tree.DecisionTreeClassifier()
my_tree_one = my_tree_one.fit(features_one, target)
```

我们正在做的是在一个名为"my_tree_one"的决策树分类器上运行 fit 函数。我们要考虑的特征包括 Pclass、Sex、Age 和 Fare，要让算法搞清楚这四个特征之间的关系，以便预测 Survived 的值。

```
# 查看相关特征的重要度和分数
print(my_tree_one.feature_importances_)
[ 0.12315342 0.31274009 0.22675108 0.3373554 ]
```

Feature_importances 属性显示了每一个预测指标的统计显著性。这组数值中最大的那个，就是最重要的。

Pclass = 0.1269655

Sex = 0.31274009

Age = 0.23914906

Fare = 0.32114535

Fare 的数值最大。我们可以得出结论，在"泰坦尼克号"灾难中，票价是决定乘客能否幸存的最重要因素。

至此，我们可以运行一个函数，看看在这个宇宙通用数学约束下的数据集内，我们的预测有多高的准确率。我们使用 score 函数来算出平均准确度：

```
print(my_tree_one.score(features_one, target))
0.977553310887
```

哇！97%！太棒了！如果我考试能得 97 分，我就心满意足了。现在，我们可以说这个模型的准确率是 97%。这个机器刚刚通过创建一个数学模型进行了"学习"。这个模型存储在对象 my_tree_one 中。

接下来，我们将把这个模型应用于测试数据。记住，测试数据没有"Survived"这列数据。我们要做的是使用模型来预测测试数据的每一名乘客能否幸存。根据这个模型，我们已经知道，票价是最重要的预测指标，但是年龄、性别和船舱等级在数学上也很重要。让我们将模型应用到测试数据，看看会发生什么：

```
# 用中位数填补缺失值
test["Fare"] = test["Fare"].fillna(test["Fare"].median())
```

```
# 用中位数填补年龄的缺失值
test["Age"] = test["Age"].fillna(test["Age"].median())


# 预处理数据
test_encoded_sex = preprocessing.LabelEncoder()

test.Sex = test_encoded_sex.fit_transform(test.Sex)


# 从测试集提取 Pclass、Sex、Age、Fare 四个特征
test_features = test[["Pclass", "Sex", "Age", "Fare"]].values

print('These are the features:\n')

print(test_features)


# 对测试集做出预测并显示出来
my_prediction = my_tree_one.predict(test_features)

print('This is the prediction:\n')

print(my_prediction)


# 创建一个包含两个列的数据框——PassengerId、Survived，其
# 中 Survived 存放的是预测结果
PassengerId =np.array(test["PassengerId"]).astype(int)

my_solution = pd.DataFrame(my_prediction, PassengerId,

columns = ["Survived"])

print('This is the solution in toto:\n')

print(my_solution)
```

```
# 检查数据框是否包含 418 项
print('This is the solution shape:\n')
print(my_solution.shape)

# 将你的解答写入 CSV 文件: my_solution.csv
my_solution.to_csv("my_solution_one.csv", index_label =
["PassengerId"])
```

这些是特征:

```
[[  3.      1.      34.5     7.8292]
 [  3.      0.      47.      7.     ]
 [  2.      1.      62.      9.6875] ...,
 [  3.      1.      38.5     7.25   ]
 [  3.      1.      27.      8.05   ]
 [  3.      1.      27.      22.3583]]
```

以下是预测结果:

```
[0 0 1 1 1 0 0 0 1 0 0 0 1 1 1 0 1 1 0 0 1 1 0 1 0 1 1 1 0 0 0 1 0 1 0 0
 0 0 1 0 1 0 1 1 0 0 0 1 1 1 0 1 1 1 0 0 0 1 1 0 0 0 1 0 0 1 0 0 1 1 0 0 0
 1 0 0 1 0 1 1 0 0 0 0 0 1 1 1 1 1 1 0 0 0 1 1 1 0 1 0 0 0 1 0 0 0 0 0 0
 0 1 1 1 0 1 1 0 1 1 0 1 0 0 1 0 1 0 0 1 0 0 1 0 0 0 0 0 0 0 0 1 1 0
 1 0 1 0 0 1 0 0 1 1 0 1 1 1 1 0 1 1 0 0 0 0 1 0 1 0 1 1 0 1 1 0 0 1 0 1
 0 1 0 0 0 0 0 1 0 1 0 1 0 0 0 0 1 0 1 0 0 0 0 1 0 1 1 0 1 0 0 1 0 1 0 1 0
 1 1 1 0 0 1 0 0 0 1 0 0 1 0 0 1 1 1 1 1 1 0 0 0 1 0 1 0 1 0 0 0 0 0 0 0 1
 0 0 0 1 1 0 0 0 0 0 0 0 0 1 0 1 1 0 0 0 0 0 1 1 0 1 0 0 0 1 0 1 0 1 0 0 0]
```

1 0 0 0 0 0 0 1 1 0 1 1 0 0 1 0 0 1 1 0 0 0 0 0 0 0 1 1 0 1 0 0 0 1 0 1
1 0 0 0 0 0 1 0 0 0 1 0 1 0 0 0 1 1 0 0 0 1 0 1 0 0 1 0 1 1 1 1 0 0 0 1 0
0 1 0 0 1 1 0 0 0 1 0 0 0 1 0 1 0 0 0 0 0 1 1 0 0 1 0 1 0 0 1 0 1 0 0 0 0
0 1 1 1 1 0 0 1 0 0 0]

以下是全部的解答：

	是否生还
892	0
893	0
894	1
895	1
896	1
897	0
898	0
899	0
900	1
901	0
902	0
903	0
904	1
905	1
906	1
907	1
908	0
909	1
910	1
911	0
912	0
913	1
914	1

915	0
916	1
917	0
918	1
919	1
920	1
921	0
...	...
1280	0
1281	0
1282	0
1283	1
1284	1
1285	0
1286	0
1287	1
1288	0
1289	1
1290	0
1291	0
1292	1
1293	0
1294	1
1295	0
1296	0
1297	0
1298	0
1299	0
1300	1
1301	1
1302	1
1303	1
1304	0
1305	0
1306	1

1307	0
1308	0
1309	0

［共 418 行 *1 列］

这是解空间：

(418, 1)

新增的 Survived 列数据包含了对测试数据集 418 名乘客的预测结果。瞧瞧！我们刚完成了机器学习。虽然是入门级的，但它就是机器学习。如果有人说他们"使用人工智能做了一次决策"，通常他们的意思就是"使用机器学习"，而且通常他们所做的事情跟我们刚才的过程差不多。

我们创建了一个 Survived 列，得到了一个我们认为 97% 准确的数字。我们了解到，票价是"泰坦尼克号"幸存者数据的数学分析中最具影响力的因素。这就是狭义人工智能。这不是什么值得害怕的事，也并不会引领我们堕入全球被超智能计算机统治的境地。"这些只是统计模型，就像谷歌玩棋牌游戏时使用的模型，或是你的手机用来预测你说的单词以便转录信息一样。"卡内基梅隆大学教授、机器学习研究员扎卡里·利普顿在接受 *The Register* 杂志关于人工智能的采访时说，"跟一碗面条相比，它们并没有多出什么了不起的意识。"[17]

对程序员来说，写一个算法很简单。你把算法写出来，部署下去。嗯，看起来能用，就不再跟进了。下回再拿出来用，可能会稍微调一调，看准确率会不会提高。你会尽量获得最高的准确率，然后接着做下一件事。

　　与此同时，这些数字会在世界范围内产生影响。从这些数据得出支付更高票价的乘客更有可能在海难中幸存这一结论，是非常不明智的。然而，得出这个结论在统计学上是合法的。如果我们要计算保险费率，我们可以说，高价票乘客在冰山事故中有较低的死亡率，因此这代表着一种较低的提前赔付风险。支付高票价的人要比支付低票价的人富有，这使我们可以向富人收取较低的保险费。保险的重点就在于让风险在大量人群中平均分配。我们可以为保险公司赚更多钱，但推销出去的不是最好的产品。

　　这些类型的计算技术用于"价格优化"，或用于将客户精细分配到非常小的组别里，以便对不同的客户组显示不同的价格。从保险业到旅游业，价格优化无处不在。价格优化常常造成价格歧视。ProPublica 和《消费者报告》2017 年的一项分析发现，在加利福尼亚州、伊利诺伊州、得克萨斯州和密苏里州，一些大型保险公司向居住在少数族裔社区的人收取的同类意外保险费用，要比其他地区的人多出 30%。[18]《华尔街日报》2014 年的一项分析发现，Staples.com 网站上的同一款普通订书机对不同的客户会显示不同的价格。价格或高或低，取决于机器估计的客户邮政编码。[19] 东北大学的克里斯托·威尔逊、戴维·拉泽和其他研究员发现，Homedepot.com 和旅游网站会依据用户浏览网站时使用的是手机还是电脑，分别显示不同的价格。[20] 亚马逊在 2000 年就承认尝试过使用差别定价策略。亚马逊的 CEO 杰夫·贝索斯为此公开致歉，称这是"一个错误"。[21]

　　在一个不平等的世界里，如果我们根据世界的实际情况来制定定价算法，那么女性、穷人和少数族裔客户就会不可避免地被收取更多的费用。研究数学的人常常对此感到惊讶。而妇女、穷人和少数族裔则不会。种族、性别和阶级会以各种明显和不正当的方式影响商品的定价。对于理发、干洗、剃须刀甚至除臭剂，对女性的收费都高于男性。亚裔美国人在 SAT 预备课程上被收取的费用要比其他人高出一倍。[22] 餐馆的非裔美国服务员得到的小费要比他们的白人同事少。[23] 贫穷往往意味着要为日常必需品支付更高的费用。使用分期付款计划购买家具，总价格比直接购买要高。发薪日贷款 * 的利率远远高于银行贷款利率。如果用于房屋居住的费用不足家庭月收入的 30%，那么会被认为其家庭负担得起住房。但由于与经济不稳定相关的各种因素，贫穷的租户经常被迫为住房支付更多费用。社会学家帕特·夏基在对马修·德斯蒙德的《扫地出门：美国城市的贫穷与暴利》和米切尔·迪尼耶的《犹太人居住区：一个地方的诞生，一个观念的历史》这两本民族志图书的评论中这样写道："在密尔沃基，大多数贫困的租户在房屋租赁上要花费至少一半的收入，有三分之一的人甚至要为此花费至少 80% 的收入。"[24] 不平等是不公平的，但并不罕见。如果机器学习模型只是简单地复制实际的世界，那我们就无法走向一个更加公正的社会。"这项技术的吸引力显而易见——古老的预测未来的渴望，以及现代的统计清醒度。"法学教授、人工智能伦理专家弗兰克·帕斯克莱在《黑匣子社会》中写道，"然而，在一个保密的环境中，坏消息可能会和好消息一样持久，并因此导致不公平甚至灾难性的预测。"[25]

我们在使用机器学习做社会决策时会遇到问题，部分原因是那些数字掩盖了重要的社会背景。在"泰坦尼克号"的例子中，我们选择了一个分类器——乘客的幸存状态，并且利用一些特征来预测这个分类器。但实际上，还有其他可能的因素存在。例如，"泰坦尼

---

* 　发薪日贷款（payday loan）是一种借款人承诺在发薪后偿付的短期贷款。——译者注

克号"数据集只包括年龄、性别和其他因素，我们只能基于已有的数据来建立预测指标。但是，由于这是一项人类工作，而不是数学事件，所以还有其他因素在起作用。

我们来回顾一下"泰坦尼克号"失事那个夜晚。1912 年 4 月 14 日，"泰坦尼克号"曾多次收到附近船只发出的结冰警告。晚上 11 时 40 分，"泰坦尼克号"撞上冰山。午夜刚过，船长爱德华·约翰·史密斯召集乘客，开始从"泰坦尼克号"撤离。史密斯下了命令："让妇女和儿童上船，然后把小艇放下。"大副威廉·默多克负责右舷的救生艇，二副查尔斯·莱特勒负责左舷的救生艇。他们对船长的命令理解不一。默多克认为，船长让妇女和儿童优先上救生艇。莱特勒认为，船长只允许妇女和儿童上救生艇。当周围的妇女和儿童都上了救生艇后，默多克允许男性乘客也登上救生艇。莱特勒让周围的妇女和儿童都上了救生艇，哪怕艇上还有空位，他照样把救生艇往水里降。即使救生艇没有满载 65 人，两人都将救生艇降到水中。船上的乘客太多了，没有足够的救生艇：这艘可容纳 3 547 人的船，却只配了 20 艘救生艇。最可信的记录显示，"泰坦尼克号"轻装上阵，搭载着 892 名船员和 1 320 名乘客。

我们可以就救生艇的编号做一个有意思的测试。默多克在右舷的救生艇编号都是奇数，莱特勒在左舷的救生艇编号都是偶数。从救生艇的单双号看来，男性乘客的幸存率可能不一样，因为负责双号救生艇的莱特勒不让男性乘客上艇。但问题是，数据集中并没有救生艇编号。这是一个深刻而难以克服的大问题。除非在模型中加载这个因子，并且以计算机能够计算的方式表述，否则就不能算数。不是所有重要的东西都能被计算在内。计算机无法从数据集中跳脱出来，并且找到可能重要的额外因素，但是人类可以。

　　不过，这当中还存在虚假因果关系的问题。倘若我们有救生艇的编号数据，从计算的角度来看，单号救生艇上的男性乘客更有机会幸存。如果根据这个结论来制定决策，为了在紧急情况下让更多男性获救，我们可能会决定给所有的救生艇都编上奇数号码。显然，这太荒谬了。关键在于两名副官，而不是救生艇的编号。

　　还有两位年轻人也混淆了纯粹的数学解释。沃尔特·洛德的《此夜永难忘》是一本讲述"泰坦尼克号"海难的非虚构畅销书，记录了这艘巨轮最后几个小时的感人故事。[26]洛德讲述了 17 岁的杰克·赛耶与父母在欧洲度过一个漫长的假期后，在法国瑟堡登上了"泰坦尼克号"。赛耶在船上结识了新朋友米尔顿·朗，这是一个与他年龄相仿的坐头等舱旅行的年轻人。两位年轻人在海难危机加剧时，都在帮助其他乘客脱险。他们帮着将妇女和儿童送入救生艇，到凌晨 2 点，几乎所有救生艇都下了水。凌晨 2 时 15 分，最后一批救生艇下水。这时，船身向左舷倾斜，大浪冲过来，撞在甲板上。主厨约翰·柯林斯站在甲板上，手里抱着一个婴儿。他正在帮助一名乘务员和一名带着两个孩子的统舱女乘客。他们都被瞬间吞入海里。巨浪的力量将婴儿从他的怀里冲走。

　　赛耶和朗目睹了甲板上的混乱。突然间，灯熄灭了，海水已经涨到二号锅炉房水箱的位置了。月亮、星星和救生艇上的提灯成了唯一的光源，船身渐渐下沉，光线慢慢飘远。二号烟囱坍塌了。赛耶和朗环顾四周，救生艇已经走远，目光所及之处再无救援船了。他们意识到这一刻已经到来，该跳了。他们握了手，祝彼此好运。洛德写道：

　　　　朗跨过了栏杆，而塞耶叉开双腿跨在上面，开始解大衣的扣子。朗手拉着栏杆，身子已在栏杆外面。他抬头朝塞耶看了一眼，问道："你跳吗，小子？"

"你先跳，我马上就下来。"塞耶向他保证道。

朗面对着船舷，松手坠入海里。10秒钟后，塞耶把另一条腿也跨过栏杆，面向大海坐在栏杆上。他现在离水面不过10英尺*高，便用力一推，尽力往远处跳去。

在这两种弃船逃生的方法中，塞耶显然是正确的。

塞耶游到了附近一艘翻倒的救生艇上，与其他40人一起紧紧抓住救生艇，才得以幸存。他看着"泰坦尼克号"断成两半，船头和船尾在一片残骸中滑落到水中。塞耶听到人们在水里哭泣，声音听起来像蝗虫。最终，12号救生艇把塞耶和其他人从冰冷的海水中救了出来。几个小时之后，救援人员抵达。塞耶在救生艇里瑟瑟发抖，直到第二天早上8点半，乘客们才被"卡帕西亚号"救起。

塞耶和朗这两个年轻人年纪相仿，体力相当，社会地位相同，而且在这场灾难中幸存的机会也完全相同。他们的差异归结到最终的那一跳。塞耶尽他所能跳到远离船身的地方，朗则跳到了船身近处的海里。朗被吸入了无底的深渊，而塞耶活了下来。让我不安的是，无论计算机对塞耶和朗的预测结果是什么，都是错的。计算机的预测仅仅基于票价等级、年龄和性别，但实际的关键因素是他们最后那一跳的差异。计算机从根本上就是错的。朗遇难的随机性，正是造成我们对"泰坦尼克号"乘客幸存情况的统计预测不可能达到100%准确的原因。因为人类不是统计数据，也永远不会是统计

---

* 　1英尺 = 30.48厘米。——编者注

数据。

　　这就印证了"数据的不合理有效性"原则。除非你处处留心可能出现的偏差和无序，否则人工智能就只是表面看起来那样利落。关于通过计算机科学解释世界的研究，我最喜欢的一个解释来自谷歌研究人员阿隆·哈勒维、彼得·诺维格和费尔南多·佩雷拉的一篇论文。他们写道：

> 　　尤金·维格纳在文章《数学在自然科学中不合理的有效性》中探讨了为什么那么多物理学规律可以使用如此简单的数学公式（如 f=ma 或 e=mc² ）来巧妙地表达。与此同时，涉及人类的科学被证实，比起涉及基本粒子的科学，它们对精简优雅的数学更具抵抗力。经济学家因没能简洁地模型化人类行为而患有"物理学嫉妒症"。而一本非正式、不完整的英语语法书就超过 1 700 页。也许，当论及自然语言处理或者相关的学科，我们注定只能面对复杂的理论，而这些理论也注定不像物理公式般优雅。倘若如此，我们就不应表现得仿佛我们的目的是创造极其优雅的理论一样，而应该接受这种复杂性，并且利用我们这位最好的盟友：数据的不合理有效性。[27]

　　数据是不合理有效的，甚至迷人魂魄。这就解释了我们为何得以建立一个看起来能以 97% 的准确率预测"泰坦尼克号"海难中乘客是否生还的分类器，以及计算机为何能击败人类围棋冠军。这也解释了机器为何不会考虑人类在现实灾难场景下遇到的任何偶然事件。只要我们仔细了解机器学习的过程，就能发现这一点。数据确实非常有效。然而，这种数据驱动的方法会让机器忽略许多人类认为非常重要的因素。

　　人类建立法律和社会，是为了适应人类认为重要的所有事情。以数据为驱动所做的决策，很少有完全符合这些复杂规则的。数据的不合理有效性也出现在翻译、语音控制的智能家居设备和手写识别领域。机器不会以人类的理解方式去理解单词和单词组合。用于语音识别和机器翻译的统计方法，依赖含大量短单词序列的大数据库、n-grams 之类的语言模型，以及概率。人们通常谈论的都是同样的事物，搜索的也是同样的事物，普遍常识也相当普遍。几十年来，谷歌一直致力于解决这些问题。他们有这些常见主题领域中最好的科学家，而且他们拥有的数据比以往任何人所能拥有的都多。谷歌图书语料库、《纽约时报》语料库，还有所有人使用谷歌搜索过的所有记录的语料库——其实，把这些记录都加载到一个巨大的数据库中，用来计算所有单词在其他单词附近出现的频率，结果都具有不合理有效性。我们来看一个简单的例子。在 n-grams 语言模型中，"船"经常出现在"水"附近，所以两者可能是相关的。"船"与"水"相关的概率要高于"船"与"选民"或者"船"与"臭虫"的相关性，因此搜索"船"会得到一些跟船和水相关的术语或文档，而不是那些跟船和臭虫相关的东西。其实这不是真正的学习，只是受了学习这一概念的启发。如果你去阅读搜索背后的计算过程（可以在网上找到），会发现这些计算一点也不神奇，只是纯粹的数学而已。计算机能在足够的时间内正确处理足够多的事情，以至于我们可能会倾向于认为它基本上是正确的——但它也有可能因错误的原因而得到正确的结果。

　　社会问题的决策不仅仅是计算，因此如果我们仅使用数据来做涉及社会和价值判断的决策，社会问题就会随之而来。我们知道，持一等票的乘客在"泰坦尼克号"海难中有较大的幸存率，但是如果采用一个模式，认为头等舱乘客在灾难中就该比二等舱或三等舱乘客有更高的幸存率，那就错了。我们也不应该根据有缺陷的模型（比如我们创建的那个模型）给出的建议来行事。我们的"泰坦尼克号"计算模型可以用于论证为何要向头等舱乘客收取较少的旅行保险费。但这是极其荒谬的——我们不应该惩罚那些没有足够的钱买头等舱的人。最重要的是，我们现在应该明白，有些事情是机器永远也学不会的，而人类的判断、强化和解释永远都是有必要的。

第 8 章

你不开车，车可不会自己走

　　这种不合理有效的数据驱动方法颇适合用于电子搜索、简单翻译和简易导航。只要有足够的训练数据，算法确实可以在各种烦琐乏味的任务中表现得相当不错，而人类的聪明才智通常会填补其中的空白。目前，大多数人在使用搜索框时，已经学会了使用越来越复杂或特定的搜索词（至少也会使用同义词）去找到我们想查看的网页。语言之间的机器翻译比以往任何时候都好。但它仍然无法与人工翻译相媲美，人类的大脑在理解断句的含义方面非常出色。对于上网随便看看的人来说，网页上那些生硬、笨拙的翻译通常就够用了。提供从 A 点到 B 点方向的 GPS 系统非常方便。如果你问专业的出租车或网约车司机，他们并不总是告诉你去机场的最佳方向，但他们会带你去那里，而 GPS 系统通常会在足够繁忙的地区显示路线上的交通情况。

　　然而，这种不合理有效的数据驱动方法存在很多问题，对于将其用于诸如驾驶这种威胁生命的场景，我仍持怀疑态度。无人驾驶这一使用场景，用来思考人工智能的完美运行和完全失效这两种情况是最合适的。

我第一次乘坐无人驾驶汽车是在 2007 年。当时的经历很糟糕，我以为我会死掉，或者当场呕吐，或者呕吐并当场死掉。因此，2016 年，当我听说特斯拉有了 Autopilot 软件、优步在匹兹堡测试无人驾驶汽车，无人驾驶汽车将要进入市场时，我就在想：他们做了什么改变？我在 2007 年遇到的那些鲁莽的工程师，真的将一个道德决策实体嵌入了一台两吨重的杀人机器中吗？

结果是我想多了，似乎并没有发生多大变化。他们争先制造自动驾驶汽车，本质上就是在争先突破计算的基本极限。在自动驾驶汽车发展的前 10 年，试探什么能奏效、什么不能奏效是一个警世故事。这个故事告诉我们，技术沙文主义可能让人们对技术产生神奇的创想，也有可能对公共健康造成危害。

我第一次乘坐无人驾驶汽车，是在一个自动驾驶汽车的试车道上：费城南部波音工厂周末空无一人的停车场。本·富兰克林赛车队的成员都是宾夕法尼亚大学工程专业的学生，他们当时正在为一场比赛而打造一辆自动驾驶汽车。当时我正在为宾夕法尼亚大学的校友杂志撰写一篇关于他们的文章。一个星期天的清晨，我在校园里与车队队员会合，然后跟在他们的车后面上了高速公路。他们要去练车，之后参加一个无人驾驶汽车比赛。

只有在路上几乎没有其他车辆或行人的时间，他们才能上路练车。他们的车是一辆改装过的丰田普锐斯。严格来说，这辆车上路是不合法的。汽车里必须有什么零件是有法律规定的，比如方向盘之类。他们在停车场或者宾夕法尼亚州的庭院内练车是合法的，但要从费城西部的车库出发，沿着 I-95 公路开车到费城南部的练车场，就有风险了。星期日早晨，他们应该不太可能被警察截停，因为那个时段的高速公路上没有那么多巡警。大学的律师们正在争取州立法，让汽车能够合法自动驾驶。但在那之前，车队只能抱着最乐观的心态，进行错峰练车。

到了停车场，我在他们的车后面慢慢停下车。他们给这辆普锐斯起了个名字，叫"小本"，上面坐满了工程师：驾驶座上的机械工程专业的学生塔利·富特，后座上的电气和系统工程博士生保罗·贝尔纳萨和电气工程博士生亚历克斯·斯图尔特，还有副驾驶座上穿着亮黄色和黑色相间的队服的洛克希德·马丁公司员工、德雷克塞尔大学计算机科学专业应届毕业生海第·乔克西。车缓缓停下来，富特下了车，打开后车厢的门，露出一堆盘在后座和车顶上的电线。这辆车看起来就像一部世界末日电影中的道具，传感器和各种零件固定在车顶上。这帮学生在原本覆盖住仪表板的塑料控制台上撕开了一个洞。一堆缠结的电线散开来，连接着一台看起来非常严肃的大型笔记本电脑。后备厢的地板上有一半被树脂玻璃板覆盖，车轮拱板的位置可以看到更多的电线和箱子。富特在安装在车上的 LCD 屏幕上弹出一个命令提示符，画面上很快就出现了这个停车场的卫星图像。三位乘客仍在车内，系着安全带，弯着腰在笔记本电脑前工作。练车开始了。

在 2007 年的大挑战赛中，"小本"需要自动驾驶通过一个用退役的军事基地搭出来的"空城"。不能用遥控器，不能预先给汽车编程设好路线，89 辆自动驾驶汽车必须自行沿着街道行驶，穿行十字路口和拐角。该项目的赞助商美国国防高等研究计划署（DARPA）承诺，最快完成比赛的车队可以获得 200 万美元奖金，亚军和季军可以分别获得 100 万美元和 50 万美元奖金。

早在 2007 年，已经有机器人汽车技术在辅助日常驾驶。当时，雷克萨斯已发布过一款能在特定条件下自动平行停车的汽车。"今天，所有的高端汽车都有诸如自适应巡航控制或者停车辅助系统之类的功能。汽车越来越自动化。"工程副教授兼车队顾问丹·李解释道，"现在，汽车要完全自动驾驶，对周边环境必须是全知状态。这些都是机器人技术的难题：计算机要有视觉，要让计算机能'听到'声音，还要让计算机理解周围所发生的一切。这里的环境正适合测试这些功能。"

为了让"小本""看到"并绕开障碍物，自动驾驶功能和 GPS 导航系统必须正常运行，车顶行李架上的激光传感器必须能观察到物体。然后，"小本"要能够将物体识别为障碍物，并且在障碍物周围开辟出一条新路径。那天的练习目标之一就是要测试那些最终能让"小本"避开其他车辆的子程序。

"这个系统非常复杂，有很多不可预见的后果。"富特说，"如果有任何一个地方运行缓慢，其他地方也会崩溃。在软件开发中，一般标准是要花四分之三的时间进行调试。但是在这样一个项目中，我们大概得花九成时间做调试。"

2007 年的挑战赛要比之前的更加复杂。在 2005 年的挑战赛中，参赛者的任务是制造一个机器人，让它在没有人为干预的情况下，在 10 小时内穿越 175 英里沙漠。2005 年 10 月 9 日，斯坦福赛车队和他们的汽车"斯坦利"（Stanley）赢得了比赛（并赢取了 200 万美元奖金），他们的成绩是让斯坦利在莫哈韦沙漠中行驶了 132 英里。斯坦利以平均时速 19 英里完成了比赛，用时 6 小时 54 分钟。在沙漠中，"无论障碍物是石头还是灌木丛，对车子来说都是一样的，都得绕过它"。时任斯坦福大学计算机科学与电气工程副教授塞巴斯蒂安·特龙说道。[1] 然而，在城市挑战赛中，汽车必须判断路况决定如何通行，并且遵守传统道路行驶规则。"挑战不仅在于感知环境，而且在于了解环境。"特龙说。斯坦福车队参加 2007 年挑战赛的新车"少年"（Junior）是一辆 2006 年的大众帕萨特，它被认为是"小本"的主要竞争对手。卡内基梅隆大学车队开发的一辆 2007 年款雪佛兰太浩"老板"（Boss）同样不容小觑。2005 年，卡内基梅隆大学车队派出了两辆汽车参加挑战赛——"沙尘暴"（Sandstorm）和"高地人"（H1ghlander），并分别获得亚军和季军。卡内基梅隆大学和斯坦福大学之间关于机器人的较量，就好比北卡罗来纳大学和杜克大学的篮球之争。2003 年，斯坦福大学挖走了塞巴斯蒂安·特龙，他曾是卡内基梅隆大学的机器人学明星教授。

　　说回我们到波音工厂停车场练车那一天。电气工程专业的大四学生亚历克斯·库什列耶夫驾驶着自己的新车——一辆日产阿蒂玛新车，来到这里。他方才出去买了一个用于控制玩具车的遥控器。这个遥控器将用于紧急停止。每一辆自动驾驶汽车似乎都有一个巨大的卡通般的红色按钮。还有两个附加的按钮用胶带贴在汽车的后侧面板上，连接在几台 Mac Mini 服务器的架子上。这些服务器构成了汽车的电子"大脑"。至此，车队已经在这个项目上花费了宾夕法尼亚大学通用机器人、自动化、传感和感知实验室（General Robotics, Automation, Sensing and Perception Laboratory，简称 GRASP 实验室）赞助的大约 10 万美元。新泽西州切里希尔的洛克希德·马丁公司的先进技术实验室（Advanced Technology Laboratories，简称 ALT 实验室）以及位于马里兰州的泰雷兹公司（Thales Communications）也为这个车队提供了赞助。

　　"这辆普锐斯小车给了我们更多机动性。而且因为它是一辆混合动力汽车，有一块巨大的车载电池。除了这辆汽车以外，还有很多部电脑、传感器和发动机在运转，所以我们需要额外的电源。"

丹·李说。一台电动机控制"小本"的油门、刹车和方向盘；从转向灯到雨刷的所有功能，都可以通过安装在变速杆上方面板上的按钮来控制，就像为双手驾驶汽车的残障驾驶员所做的定制功能。这辆车可以以普通方式驱动，也可以用手控制。他们声称，启动自动驾驶仪之后，这辆车就完全不需要驾驶员了。

我看着那辆车在停车场上快速地来回往返。一名安全驾驶员坐在副驾驶座上，一只手放在紧急停止按钮上。看着一辆驾驶位空无一人的汽车在方向盘的控制下走走停停，这个场面很令人不安，但又特别令人兴奋。

电池低声嗡嗡作响了一阵后，库什列耶夫控制着方向盘，以 15 英里的时速穿过停车场。当天的目标是让"小本"在停车场实地练习绕过障碍物行驶。在比赛中，"小本"必须应付的是各种路口和路障。它必须在最高时速为 30 英里的情况下，对路上可能出现的停车标志、其他车辆和流浪狗做出反应。

终于，到我上场了。我坐在驾驶座上，毕竟让它空着还是挺奇怪的。库什列耶夫启动了自动驾驶，汽车向前推进了几英尺——然后突然急剧向左拐、向右拐，完全失控了。斯图尔特在后座喊道："控制住！"汽车向一个路灯行驶过去。它一路逼近路灯底座边上的水泥墙，开始加速。马上要撞墙了！我把脚塞到刹车的位置，却发现刹车踏板已经被拆下。我恐慌极了，大喊："它不是应该减速吗？"我确信接下来车子要撞墙了，吓得闭上眼睛，准备尖叫。

这时，我听到后座传来杂音和激烈的打字声。库什列耶夫大力操作，切换到手动控制，并且刹住了车。汽车猛地停在了距离水泥墙仅几英寸的地方。我感觉我的胃被甩到了四尺开外。

我转身瞪着那个在鼓捣笔记本电脑的家伙。"程序肯定有漏洞，"

他耸耸肩说，"难免的。"

"我们刚才跟死亡之间只隔着一个 GPS 参数的距离。"斯图尔特兴高采烈地低声说。工程师们就汽车突然转向的问题进行了辩论：汽车本该转一个平滑顺畅的小弯，却发生了很大的摆动。当时激光传感器在扫描汽车前方的区域，但软件没有将路灯杆视作障碍物。这个问题似乎影响了转向，导致本应平滑转弯的汽车突然猛地摆动起来。

富特和斯图尔特商量起来。他俩是机器人汽车领域的老手了，在加州理工学院读本科的时候就参与过两次机器人汽车大挑战赛的项目。他们上一辆自动驾驶汽车叫"艾丽斯"（Alice），是一辆为 2005 年挑战赛改装的福特 E350 厢式车。艾丽斯在沙漠车赛中行驶了大约 7 英里之后，向一个隔开媒体帐篷和赛道的屏障冲过去，并且碾过了它。艾丽斯还没来得及上头条新闻，就被评委们禁赛了。

"小本"的方向盘自己动了几下，斯图尔特和韦尔纳扎在后座上控制着它。代码问题解决了，库什列耶夫再次开车在停车场穿行了一遍，然后启动自动驾驶。转向又出了问题，汽车驶向停车场角落里的巨大扫雪机，引擎发出刺耳的声音。

"去它的，真扫兴。"斯图尔特说。

"会不会是 Sheep 出了问题？"韦尔纳扎说。Sheep 是控制汽车的程序之一。斯图尔特说："哦不，我可不想今天就碰上这么大的问题！"

我当时想（但没有写下来），那段经历并未激发起我对那一门技术的信心。坐他们那辆小车感觉太危险了，就像坐在一辆普通的汽车里，但司机是个醉酒的小孩。如果这些人要做出自动驾驶汽车技术，那么他们对我生命的罔顾态度，可不是什么好兆头。我不能放心让我的孩子去信任这些孩子制造的机器。一想到这辆车可能会和坐满弱势孩童的校车行驶在同一条路上，我就忧心忡忡。当时我写了一篇报道，后来我想当然地认为这项技术会以失败告终或被吸收到另一个项目并且逐渐消亡，就像 RealPlayer 播放器、Macromedia Director 软件和 Jaz 驱动器那样。发表了那篇报道之后，我就把宾夕法尼亚大学的机器人汽车抛诸脑后了。

与此同时，"小本"还有一场比赛得去跑。2007 年 11 月 3 日，DARPA 大挑战赛当天早晨，车辆在起跑线排队就位。他们的目标是穿越位于内华达州的一个退役军事基地——乔治空军基地的街道。那里有道路、交通标志和护卫车辆。起跑线上什么车都有。比赛任务是在基地里穿行 60 英里，要求遵从交通标志的指示并且避开其他车辆。

杆位在前一周的预选资格赛已经定好了。卡内基梅隆的汽车"老板"是头号种子选手，这意味着它可以率先进入赛道，随后其他机器人汽车和一些由人类驾驶的护卫车辆会定时出发进入赛道。"老板"的车队已经在起跑线准备好了——但"老板"没准备好。它的 GPS 出故障了，紧接着引起一连串问题。正当卡内基梅隆车队的成员蜂拥而上时，其他车辆纷纷进入赛道。最终，他们找到了问题所在——起跑坡道旁边巨屏电视显示屏的射频干扰。那个巨屏干扰了"老板"的 GPS 信号。有人关掉了显示屏。

在斯坦福的汽车出发 20 分钟后，"老板"第十个出发。这个比赛比拼的不是速度：在这条 55 英里的赛道上，"老板"的平均时速大约是 14 英里。"'老板'这辆车，我能看到的各方面都很棒。"车队技术总监克里斯·厄姆森说道，"它跑起来很流畅，速度也很快。它能与其他车很好地互动，按预期完成了它应该做的事。"

　　"老板"最早到了终点。斯坦福的车第二，比"老板"落后大约 20 分钟。"小本"跑完了比赛，但达不到能获得奖金的名次。来自康奈尔大学和麻省理工学院的车队也跑完了比赛，但不在比赛规定的 6 小时时限内。很明显，匹兹堡和帕洛阿尔托是机器人汽车技术的主导力量。

　　宾夕法尼亚大学车队使用的方法跟斯坦福大学和卡内基梅隆大学车队大相径庭。"小本"的驾驶原理是基于知识的。它的车队试图让这辆车基于知识库和一套预编程好的"经验"来判断在路上应该做什么。这种基于知识的方法是人工智能思考方式的两大主要方面之一。本·富兰克林车队使用的是广义人工智能解决方案。这个方案的效果不怎么好。

　　"小本"试着像人类一样去"看"路上的障碍物。安在"小本"车顶上的激光雷达会识别路上的物体，然后，"大脑"软件将根据物体的形状、颜色和大小等标准来识别它。它会通过一个决策树来决定该做什么：如果它识别到的是一个像人或狗一样的活物，那车子就放慢速度；如果它识别到的是一个像鸟一样的活物，那它可能会自己离开，所以车子不需要放慢速度。这要求"小本"拥有现实世界物体的大量信息。打个比方，就说锥形交通路标吧。我们都知道，锥形交通路标直立时是一个方形底座加三角锥形，它的高度通常在 12 英寸到 3.5 英尺。我们可以编写这样一条规则：

```
identify object:
    IF object.color = orange AND object.shape = triangular_
        with_square_base
    THEN object = traffic_cone;
```

```
IF object.identifier = traffic_cone
THEN intitiate_avoid_sequence
```

如果锥形交通路标倒下了呢？我住在曼哈顿，在那里常常能看到倒下的锥形交通路标。有一次，我见到许多倒地的锥形交通路标把街道堵得水泄不通。当时很多人都下了车，将锥形交通路标移到一边，这样他们才能继续开车。我还见过一些锥形交通路标在路中间被压扁了的样子。因此，这条关于锥形交通路标的规则必须调整一下。我们试试这样写：

```
identify object:
    IF object.color = orange AND object.shape is like
        triangular_with_square_base.rotated_in_3D
    THEN object = traffic_cone;
    IF object.identifier = traffic_cone
    THEN intitiate_avoid_sequence
```

在这里，我们遇到了人类思考和计算之间的差异。人脑可以旋转空间中的物体。当我说"锥形交通路标"时，你应该能够在脑子里把它想象出来。如果我说"想象锥形交通路标被撞倒在地"，你也能想象它，并且可以在脑子里将它旋转。工程师们特别擅长在脑子里想象这种空间操纵。有一个流行的儿童数学能力测试，会在 2D 平面上显示 3D 形状，然后要求他们指出被旋转对象的图片。

但是，计算机没有想象力。要得到对象的旋转图像，计算机需要对这个对象进行 3D 渲染。它至少需要一个矢量地图。程序员必须对这个 3D 图像进行编程，让计算机也像人类大脑那样擅长猜测。地面上放置的这个物体，要么在它已知物体的列表上，要么不在。

我坐在车里的时候，"小本"做了两件事：一是走了一圈，二是没能避开障碍物。克服恐惧之后，我思考了"小本"没有避开障碍物的原因。它是一个柱状物。它需要一条类似这样的规则：if obstacle.exists_in_path and obstacle.type=stationary, obstacle.avoid。但这条规则不起作用，因为并非所有静止的物体都会一直保持静止。一个人可能这会儿是静止的，但过一会儿他可能会移动。所以规则也许应该改成：if obstacle.exists_in_path and obstacle.type=stationary, AND obstacle.is_not_person, avoid。但这条规则也不起作用，因为现在我们必须定义一个人和一个柱状物之间的区别。现在，问题回到了对象分类上。如果计算机可以识别出柱状物，我们可以为柱状物和人分别编写规则。但我们不知道它是柱状物，除非有视觉或是对象识别技术。正因如此，这辆车差点儿撞上巨大的水泥柱子，而我差点儿死在车里。

关键在于感知能力。我们无法对心智理论进行编程，因此汽车永远无法像人类那样对障碍物做出反应。计算机只"知道"它被告知的内容。如果没有对未来进行推理的认知能力，计算机就无法瞬间将路灯识别为障碍物，并采取适当的规避措施。

认知能力是人工智能从一开始就面临的核心挑战。就连明斯基最终都宣称这是有史以来最难解决的问题之一。也许正因如此，斯坦福大学和卡内基梅隆大学的车队没有采用这个方法。他们的汽车采用了完全不同的方法来解决让汽车行驶过障碍赛道的问题。他们采用的是纯粹的数学方法，效果出乎意料地好。我喜欢将它看作一个"卡雷尔机器人"项目。

1981 年，斯坦福大学教授理查德·帕蒂斯引入了教育编程语言，被称作"卡雷尔机器人"。卡雷尔是一个盒子中网格上的一个点。这个盒子有一个或多个出口。卡雷尔可以像国际象棋的棋子"卒"一样在网格中移动。编程任务是帮助卡雷尔逃离这个盒子。仅使用一支铅笔和一张纸就可以完成这个入门级编程练习，但它却是多年来麻省理工学院、哈佛大学、斯坦福大学和其他所有科技巨头的编程课程上布置的第一项计算作业。教授会给学生这个盒子，盒子里有卡雷尔，还有各种障碍物。学生的任务是编写命令，让卡雷尔从它原来的位置出发，绕过障碍物，移动到出口。卡雷尔挺有意思。我在大一那年修读编程入门的时候知道了卡雷尔，当时我也在修读微积分课程，卡雷尔至少比微积分好玩多了。图 8.1 是一个卡雷尔练习的例子。这个谜题的说明是这样的："每天早上，当卡雷尔订阅的报纸（用蜂鸣器锥块表示）被扔到房子的前门廊时，他就在床上醒过来。编写程序，让卡雷尔取回报纸并把它带回床上。报纸总是被扔在同一个位置。如图所示，这就是卡雷尔的世界，包括他的床。"[2] 卡雷尔用箭头表示，"他"就在他初始位置那张虚构的床上。要让他到达蜂鸣器的位置拿到报纸，他需要往北转 90 度，向北走两条街，向西走两条大道，如此这般，直到他到达网格上蜂鸣器的地址。

解决卡雷尔问题的关键在于提前了解障碍物的位置，并让卡雷尔绕过它们。人类程序员可以看到网格，即卡雷尔世界的全景地图。卡雷尔的内存中也存储着这个网格，他"知道"周围的网格布局。因此，卡内基梅隆大学车队就采用了卡雷尔的方法。他们使用汽车上的激光雷达、摄像头和传感器来构建它所处空间的 3D 模型。在这个 3D 模型里，没有汽车"识别"出来的"物体"，有的只是使

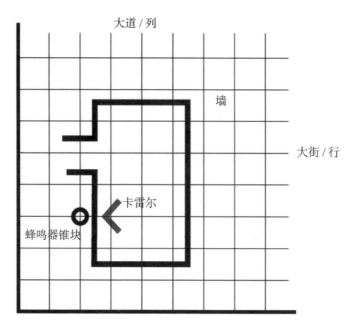

大道 / 列

墙

大街 / 行

卡雷尔

蜂鸣器锥块

卡雷尔世界的边界

图 8.1　一个典型的卡雷尔练习

用机器学习识别的可导航区域和非导航区域。诸如其他汽车之类的障碍物会被渲染为 3D 团状物，被归为"卡雷尔的障碍物"。

　　这个方法非常巧妙，因为它显著减少了汽车必须处理的变量的数量。"小本"必须识别所有在它"视野"中的变量——道路、鸟类、行人、建筑物、锥形交通路标等等，并且预测每一个变量的未来位置。它必须为每个假设运行一个微分方程。"老板"和"少年"不需要这样做，它们预装了比赛场地的三维地图和行车路线，使用机器学习来识别三维地图中可导航的区域。"少年"和"老板"的方法是狭义人工智能解决方案，依赖于更好的地图绘制技术。

　　汽车行驶并且绘制出所处环境的地图。它会绘制出网格，就像卡雷尔世界的网格。然后，汽车只需要考虑地图上的异常情况。假如锥形交通路标不在原始地图里，就必须将它识别出来进行处理。假如它就在原始地图里，那么它就是一个静止的物体，并且已经预先做了计算。这样一来，处理器就不必在汽车行驶途中再对它做图像识别了。

卡内基梅隆车队比其他竞争对手更具优势。他们已经研究汽车计算机控制系统多年。他们在 1989 年就曾推出一款自动驾驶货车——"阿尔文"（ALVINN）。[3] 他们在开发期间交上了天大的好运。碰巧，谷歌的创始人拉里·佩奇对数字化地图绘测非常感兴趣。他将一堆相机连接到一辆厢式货车外面，在山景城周围转了一圈，沿途拍摄风景，并且将这些图像转换成地图。随后，谷歌将厢式货车项目变成了庞大的街景制图项目。佩奇的远见恰好与前面提到的卡内基梅隆大学教授塞巴斯蒂安·特龙开发的技术不谋而合。特龙教授与他们学校参加 DARPA 挑战赛的车队来往甚密。他和他的学生开发了一个程序，能将街道照片拼接成地图。后来，特龙从卡内基梅隆大学转到了斯坦福大学。谷歌收购了他的技术，并将其应用到谷歌街景项目。

此时也是硬件发展的重要节点。视频和 3D 文件占用了大量内存空间。摩尔定律表示，集成电路上容纳的晶体管数量每年会翻倍，容量的增加意味着计算机内存价格日益下降。2005 年左右，存储器突然间变得又大又便宜，以至于首次可以绘制出整个山景城的 3D 地图，并将其存储在车载存储器中。平价的存储器改变了游戏规则。

特龙和其他成功的自动驾驶汽车技术工程师发现，要复制人类的感知和决策过程是非常复杂的，而且使用现有技术是不可能做到的。于是，他们决定不这样干。通常，人们在谈论这种创新时，总会提到莱特兄弟。在莱特兄弟之前，人们认为飞行机器必须模仿鸟类飞行的动作。莱特兄弟却意识到，他们可以制造一台不需要拍打翅膀的飞行机器——用翅膀滑翔就足够了。

这些研究自动驾驶的程序员意识到，他们可以制造一辆没有感知能力的汽车——能在网格中移动就足够了。他们的最终设计基本上就是一辆极其复杂的遥控车。它不需要有意识，也不需要知道驾驶规则。它采用的是统计估计值和数据的不合理有效性。这可以说是一种无比复杂的作弊方式，非常酷，而且在很多情况下都很有效——但它仍然是作弊。它让我想起使用作弊技巧来赢得电子游戏。他们没有制造一辆像人类那样可以穿行世界的汽车，而是将现实世界变成了电子游戏，让汽车在其中穿行。

统计方法将一切都变成数字，并估计出概率。现实世界中的物体不是被转换成物体对象，而是被转换成在网格上以计算出的速度沿特定方向移动的几何形状。计算机会估算出它将在轨迹上继续移动的概率，以及这个对象跟汽车相交的时间。如果它和汽车的轨迹相交，汽车就减速或者停下。这是一个优雅的解决方案。它能得到大致正确的结果，但推理的过程却是错误的。

这种解决方案与大脑的运行方式形成了鲜明的对比。《大西洋月刊》2017 年的一篇文章指出："今天，我们的大脑在任何给定时刻，都会接收超过 1 100 万条信息；因为我们只能有意识地处理其中大约 40 条信息，所以我们的无意识思维接管了剩下的信息，使用偏见、刻板印象和固定模式来过滤掉噪声。"[4]

你对汽车自动驾驶的看法取决于你对人工智能的看法。很多人像明斯基和其他科学家一样，都愿意相信计算机可以思考。"我们对这种人工智能的幻想已经持续了将近 60 年。"X.ai 公司的创始人兼 CEO 丹尼斯·莫滕森在 2016 年 4 月接受 Slate 杂志采访时表示，"我们都认为最终的成果一定是一个像极了人类的实体，它能像你我现在这样与我们面对面聊天。这种幻想将持续下去，我这一代人，甚至我的孩子那一代人都看不到它实现的一天。"[5]

莫滕森说，可能实现的是"极其专业化、垂直化的人工智能，它可能只能理解一项工作，但能把这项工作做得非常好。"这很了不起。但是，驾驶不仅仅是一项工作，而是同时处理许多项工作。机器学习方法非常适合用来完成固定符号世界里的重复性工作。但它并不适合在街道上操作一台两吨重的杀人机器，因为街道上到处都是无法预测的民众。

自 2007 年大挑战赛以来，DARPA 已经不再重点关注自动驾驶汽车了。他们目前的拨款优先级名单上甚至不包括自动驾驶汽车项目。"从定义上说，生命是不可预测的。程序员要预见到可能发生的每一个问题或意外情况是不可能的，这就意味着现有的机器学习系统在面对现实世界的不规则性和不可预测性时，很容易发生故障。"DARPA 终身学习机器项目的项目经理哈瓦·西格尔曼在 2017 年这样说道，"今天，如果你想提高机器学习系统的能力，让它能够应对新的场景类型，你必须停掉整个系统，使用与新场景相关的额外数据集来重新训练它。这种方法的问题就是不具备可扩展性。"[6]

然而，自动驾驶的梦想在商业领域仍然活跃。今天，自动驾驶汽车的规则留给各州自行决策。内华达州、加利福尼亚州和宾夕法尼亚州目前处于领先地位，此外还有至少 9 个州考虑过立法，允许在某种程度上实现自动驾驶。

让各州自行决策是一个巨大的问题。倘若 50 个州分别决策，程序员要针对 50 种不同标准来编程，这实际上是不可能的。程序员更偏好只编写一次程序，并且让程序在所有地方通用。如果 50 个州、华盛顿特区和其他美国领土都分别使用不同的自动驾驶汽车交通法规和标准，程序员将不得不为每个州重新编写交通规则和汽车操作指南。这样一来，我们很快就会陷入与学校教科书短缺相同的混乱局面。州权是美国民主的重要组成部分，但这对程序员来讲，这就像打游戏遇到了大怪兽。程序员甚至连打字都不喜欢，很难想象他们会愿意去编写 50 多套不同的交通规则，并且将不同的操作规程传达给每个购买自动驾驶汽车的顾客。

人们难免要谈论自动驾驶汽车，这时，沟通问题会再次浮出水面。负责机动车辆和公路安全的美国国家公路交通安全管理局（NHTSA），不得不提出一个复杂的范围来描述自动驾驶，以便人们在谈论时能有所指。在很长一段时间内，程序员和管理人员都在使用"自动驾驶汽车"这一词语，但不曾确切地对这个词下过定义。再次强调：这在语言上是正常的，但对政策来说就是大问题。为了争夺自动驾驶汽车这一蛮荒领域的话语权，美国国家公路交通安全管理局公布了一系列自动驾驶汽车的类别。该政策内容如下：

自动化分级有多种定义，人们对于其定义标准化的需求已存在一段时间。标准化有助于提高自动化定义的清晰度和一致性。因此，本政策采用美国汽车工程师学会（SAE International，简称 SAE）的自动驾驶汽车分级标准，基于"谁何时做什么"将自动驾驶汽车分为以下 5 个等级：

· SAE L0（无自动化）：人类驾驶员全权操作汽车。

· SAE L1（驾驶支援）：车载自动化系统偶尔向人类驾驶员提供少量驾驶支援。

- SAE L2（部分自动化）：车载自动化系统在某些情况下可实际完成一些驾驶动作及监测驾驶环境，由人类驾驶员持续监测驾驶环境并完成其余驾驶动作。
- SAE L3（有条件自动化）：车载自动化系统在某些情况下可实际完成一些驾驶动作及监测驾驶环境，但人类驾驶员需在自动化系统发出请求时随时收回驾驶控制权。
- SAE L4（高度自动化）：车载自动化系统可完成驾驶动作及监测驾驶环境，人类驾驶员不一定需要随时收回控制权，但自动化系统只能在限定的环境和条件下运行。
- SAE L5（完全自动化）：车载自动化系统可在任何条件下执行人类驾驶员可以执行的所有驾驶动作。[7]

在我写作本书时，这些标准至少改变了一次，也可能是两次——这让我想起了不断变化的学校标准。在 L3 和 L4，车辆需要感知周围的环境，因此需要安装复杂、昂贵的传感器。通常使用的传感器是激光雷达、GPS、IMU（惯性测量单元）和摄像头。传感器输入需要转换成二进制信息，由车内的计算机硬件处理。这个过程中的硬件与第 2 章中组成火鸡俱乐部三明治"层"的硬件是相同的，也是宾夕法尼亚大学的工程师们连接到"小本"后备厢中的硬件。每一级都需要越来越多的计算能力来根据传感器的输入而做出驾驶决策。目前，还没有人能够开发出足够强大的硬件和软件，使其在任何地点和天气条件下都能安全行驶。吉田顺子在 2017 年 10 月一篇关于最先进的驾驶用计算机芯片的文章中写道："目前，市面上没有一款汽车的自动驾驶水平超过 L2。"[8] L5 的汽车在一般驾驶条件下不存在，而且可能永远也不会存在。

自动驾驶技术发展中真正了不起的部分是驾驶辅助技术的兴起。L0 到 L2 出现过有许多有益的创新。就说停车吧，人们真的很希望汽车能够自动平行停车。从几何学的角度看，平行停车只是一个细小的限定动作，是对技术的绝妙运用。

大部分自动驾驶汽车研究和一些训练数据都可以在 arXiv 和学术知识库中在线获取。[9] 在 GitHub 上，有可供使用的训练数据，还有人们用于参加 Udacity 开源无人驾驶汽车项目的代码。我看过 Udacity 的图像数据集，它的信息量比我想象的要少一些。这些数据的一个主要缺点是没有内置异常数据，而且算法无法预测未内置的内容。比如"泰坦尼克号"的数据，算法无法考虑救生艇离开之后，乘客从正在下沉的船上跳到海里的生存概率。

在现实生活中，怪事经常会发生。Waymo 公司前领导克里斯·厄姆森是卡内基梅隆大学的毕业生，也是大挑战赛的获胜者，他在一段颇热门的 YouTube 视频里展示了他观察到的一些怪事。Waymo 的测试版自动驾驶汽车多年来一直在山景城附近行驶，收集数据。厄姆森一边笑，一边在视频中展示一群小孩在高速公路上玩青蛙过河的游戏，还有一名坐电动轮椅的女子在路中间绕着圈追逐一只鸭子。这些事情都不常见，但它们确实发生了。人有智慧，他们可以接受怪事；计算机没有智慧，它们容不下怪事。

想想自己坐车时观察到的怪事。我见过的最奇怪的，是一只动物。当时我和我的朋友莎拉驱车在佛蒙特州一条蜿蜒的山路上，准备去看瀑布。我们拐过一个有视野盲区的弯道，路中间突然出现一头巨大的驼鹿。我紧急刹车，车子打滑了一下，我的心跳得快极了。我很好奇，自动驾驶汽车遇到这种情况时如何应对。于是，我打开 YouTube，观看了一些粉丝拍摄的把玩驾驶辅助功能的热门视频。我看到的这些视频，无一不是由炫耀酷车的男人制作的，他们不约而同，都非常乐观。《连线》的一位作者在一个 YouTube 视频里说："这能让你感到安全。"他当时正在内华达州一条空无人烟的高速公路上行驶。他在视频里吹嘘说，驾驶特斯拉使用自动驾驶仪功能时，他自己无须做太多操作。尽管操作指引中明确要求驾驶员将双手放在方向盘上，他仍多次炫耀自己双手或单手离开方向盘的情景。他演示了特斯拉程序员在代码中隐藏的复活节彩蛋。他在方向盘上点击了 6 次，显示器的画面进入了马里奥赛车游戏里的彩虹之路。他又展示了另一个复活节彩蛋：驾驶员显示屏上叮当作响播出出自《周六夜现场》的 "more cowbell" 旋律。

我观看了谷歌旗下另外一家自动驾驶汽车公司 Waymo 的一些宣传视频。视频的旁白声称他们的技术可以"看到"汽车周围 360 度方向的环境，以及前方两个足球场距离的视野。汽车的形状经过了优化，以适应传感器的监测范围。目前一个尚未完善的主要设计特征是，计算机必须承受振动和热量波动。"长期以来，我们一直都是在现有的汽车上安东西。现在我们开始意识到，由于需要应对现有汽车的束缚，我们所能做的事情其实非常有限。"Waymo 公司的系统工程师热姆·韦多在 2014 年发布的一个视频中这样说，"就车辆的实际操作而言，传感器和软件确实完成了所有操作。根本不需要方向盘和刹车踏板这样的东西，我们需要考虑的只是一个表示车辆准备就绪的按钮。要制作一辆原型车，我们有很多想法。我们学习了很多关于安全驾驶的知识。"

那我们就来谈谈安全问题。自动驾驶汽车支持者的主要论据是，它们能使道路"更安全"。Waymo 公司的 CEO 约翰·克拉夫茨克（John Krafcik）在他的领英页面上写道："全球每年有 120 万人死于

交通事故，其中有 95% 是人为错误造成的 。现在全世界有大约 10
亿辆汽车，这些车辆在 95% 的时间里闲置着，既浪费金钱，又占用
宝贵的城市空间。我们需要做得更好……自动驾驶汽车可以挽救成
千上万个人的生命，让人们拥有更强的流动性，摆脱今天那些令人
懊恼的驾驶问题。"

　　克拉夫茨克似乎在谴责驾驶员。讨厌的人类，总是出错！这就
是技术沙文主义。人类当然要为这些驾驶失误负责，毕竟只有人类
在驾驶汽车！（不过，我确实在下曼哈顿区百老汇的人行道上看到
过一辆看似由一只戴着洋基队帽子的狗驾驶的小型奔驰车。后来我
恍然大悟，原来狗主人拿着遥控器在后头跟着。后来，我花一个下
午愉快地观看了一些动物坐在遥控车上的视频，以此探究喜欢发布
这类视频的人。）

　　我们拥有汽车已经很长时间了，也都知道人类驾驶汽车是会出
错的。我们是人，是人就难免出错。我们都知道这一点。即使是那
些开发软件的人也会犯错。世界上没有完美的驾驶员。哪怕是为自
动驾驶汽车编写软件的人，也难保开车的时候不出错。想想看，人
们每年要行驶数万亿英里，而且大部分时间都能避免交通事故，这
真是令人印象深刻。

　　95%，这个关于人为驾驶失误的数字一遍又一遍地出现。驾驶
事故致人死亡当然是令人悲痛的，我并不是轻视这些死亡数据。只
不过，当这样一项单一的统计数字一遍又一遍地出现，我难免心生
怀疑。这通常意味着它来自某篇新闻报道，来自媒体的宣传。克拉
夫茨克引用的这个数字——95% 的人为错误，也出现在 2015 年 2 月
的一份报告中。该报告由 Bowhead 系统管理公司资深数学统计学家
桑托克·辛格撰写，他在美国国家公路交通安全管理局国家统计与

分析中心的数学分析部门工作。[10]该报告分析了 5 470 起事故的加权样本，并为每起事故指定了原因，它们可能是司机、汽车或环境（道路或天气）。

Bowhead 系统管理公司是尤克匹亚格维克因纽皮特公司（Ukpeaġvik Iñupiat Corporation，简称 UIC）旗下的子公司。这是一家政府承包的公司，负责管理海军在马里兰州和内华达州的无人自治系统（Unmanned Autonomous System，简称 UAS）业务。换句话说，Bowhead 是一家制造军用无人自治系统的公司，它创建了官方的政府统计数据，这证明制造民用的无人自治系统（即无人驾驶汽车）是正当的。

美国国家卫生统计中心的报告称，2014 年机动车交通事故死亡人数是 35 398 人。这是该中心最新的年度公开数据，这个数字表示每 10 万人中有 11 人因交通事故死亡。总的来说，标准死亡率（即按人口年龄构成调整的死亡率）则是每 10 万人中有 724.6 人因交通事故死亡。

许多人死于交通事故，这是一个重大的公共卫生问题。在统计学术语中，死于伤病被称为"伤害死亡率"。与机动车交通相关的意外伤害是 2002 年到 2010 年伤害死亡的主要原因，其次是意外中毒。2015 年，美国国家公路交通安全管理局的报告显示，2015 年机动车交通事故死亡人数比 2014 年增加了 7.7%。据估计，2015 年，有大约 35 200 人死于交通事故，高于 2014 年的 32 675 人。

我们可以推测其中的原因。行车时发短信、分心驾驶无疑会导致死亡人数上升。一个直接的解决方案是在公共交通上投入更多的资金。在加州的湾区，公共交通的资金严重不足。记得上一回在旧金山的高峰时间搭地铁时，我等了三趟列车，才勉强挤上一趟挤满人的列车。地下尚且如此，地上的情况更加糟糕。因此，湾区的程序员想要制造自动驾驶汽车，省下搭乘公共交通工具的时间来干点别的事情，我一点都不意外。根据我有限的观察，在湾区通勤要花相当长的时间在乘坐交通工具上。但是，公共交通系统的资金投入是一个复杂的问题，需要好几年的大规模协作。这类项目涉及政府机构，正是技术人员不想攻克的那种项目，因为这类项目通常要花费很长时间，而且非常复杂，一出问题就很难修复。

此时，自动驾驶汽车仍是一个幻想。2011 年，塞巴斯蒂安·特龙在谷歌建立了神秘部门 Google X，也叫"登月工厂"。2012年，他创办了一家 MOOC（大规模开放网络课程）公司——优达城（Udacity）。优达城也失败了。"我立志为人们提供精深的教育，教授一些实质的知识。但数据不遂人愿。"特龙告诉《快公司》（*Fast Company*）杂志，"我们的产品很糟糕。" [11]

特龙对自己遭遇过的失败尝试很坦白。但似乎没有人听他的，为什么呢？最简单的原因，可能是贪婪。科技投资者罗杰·麦克纳米告诉《纽约客》杂志："实际上，我们当中的一些人来这里是为了让世界变得更美好。这话听起来颇天真。我们没能成功，我们确实让一些事情变得更好了，但也让一些事情变得更糟了。与此同时，自由主义者们接管了这一切，但他们根本不在乎对与错，他们只是来赚钱的。" [12]

最终，2017 年，我出于好奇，想知道现实技术的发展是否已达到我阅读到的资料所指的程度，于是我尝试预约乘坐一辆无人驾驶汽车。我先试着预约优步，匹兹堡离我家不太远。公关人员告诉我，暂时没有可预约的无人驾驶汽车。我询问我是否可以到匹兹堡自己约一辆车，回答也是否定的。我终于明白了：这些汽车尚未被广泛投入使用。此时还不是他们推出的最佳时机。

这些汽车存在一些问题。它们在维护不善的道路上时，无法保持沿着街道的中心线行驶。它们不能在雪天或其他恶劣天气条件下行驶，因为在这些天气条件下，他们无法"看到"东西。甚至曾有一辆汽车被发现在单行道上逆行——显然，它的软件并未发现当时的街道是单行道。自动驾驶汽车上的激光雷达导航系统通过反射附近物体的激光束来工作。通过测量反射时间，它可以估计物体的距离。在雨、雪或尘土条件下，光束会被空气中的粒子反弹，而不会像人在骑自行车时被障碍物反弹那样。这些汽车很容易被混淆，因为它们都依赖表现平平的图像识别算法，这个算法会把黑人误认为大猩猩。[13] 大多数自动驾驶汽车使用的算法被称为深度神经网络，在停车标志上贴上贴纸或涂鸦，就会让它们感到迷惑。[14] GPS 黑客对自动驾驶汽车来说也是一个非常切实的危险。袖珍 GPS 干扰器是非法的，但在网上只要 50 美元左右就可以轻易地订购。商业卡车司机通常使用干扰器，以便免费通过 GPS 收费站。[15] 自动驾驶汽车通过 GPS 导航；当一辆自动驾驶汽车在高速公路上以每小时 75 英里的速度行驶时，由于下一条车道的干扰器而使它的导航系统失灵，会发生什么？

在科学界，有一股怀疑论的暗流在涌动。一位人工智能研究者告诉我："我有一辆特斯拉。它的自动驾驶仪一言难尽……我只有在高速公路上行驶时才敢使用它，它不适合在城市的道路上使用。自动驾驶技术还没有那么完善。英伟达公司（NVIDIA）发现，自动驾驶汽车的算法平均每 10 分钟就会出一次错。"这一观察结果与特斯拉用户手册一致，后者指出自动驾驶仪只能在司机的监督下用于短时间的高速公路行驶。

2017 年，优步公司在时任 CEO 特拉维斯·卡兰尼克被拍到向优步司机法兹·卡迈勒大发脾气之后，一时间负面报道不断。卡迈勒先前损失了 9.7 万美元，并表示他已经破产，因为优步降低车费的商业策略致使司机的时薪低至 10 美元。当时，卡兰尼克的净资产是 63 亿美元。卡迈勒将自己的困境告诉卡兰尼克，卡兰尼克这样答复他："有的人就是不愿意为自己搞出的烂摊子负责。他们就爱把自己失败的人生归咎到别人身上。祝你好运！"优步无视州法规，在加州推出了自动驾驶汽车。经过了一场官司之后，他们被叫停。卡兰尼克聘请了美国国防部高级研究计划局大挑战的参与者安东尼·莱万多夫斯基，后者曾在谷歌 X 和 Waymo 与特龙共事。2017 年 5 月，莱万多夫斯基被优步解雇，原因是他未能配合一项调查，即他是否从 Waymo 窃取知识产权，并利用它们发展优步的技术利益。[16]

2016 年 5 月，俄亥俄州坎顿市的约书亚·D. 布朗成为第一个死于自动驾驶汽车交通事故的人。40 岁的布朗是一名海豹突击队员和爆炸品处理（EOD）技术人员，转业后成为科技型创业者。他在使用自动驾驶仪功能的过程中，在特斯拉车中身亡。他对自己的车信心十足，竟然让自动驾驶仪完全控制车辆。那天的天气非常晴朗，车辆的传感器未能探测到一辆正在穿行前方路口的白色半牵引车。特斯拉从卡车下方冲过去，车顶瞬间被撞毁，底座继续前行了几百码之后停下。[17]

特斯拉在事故发生后的一份声明中表示："自动驾驶仪在驾驶员的监督下运行，能够减少驾驶员的工作量，并且显著提高统计意义上的安全性。"[18] 对于这次事故，美联社写道：

> 这次事故并不是自动制动系统首次出现故障，早前已有若

干次事故导致车辆被制造商召回修复。例如，去年 11 月份，丰田公司召回了 3.1 万辆大型雷克萨斯轿车和丰田汽车，因为其自动制动系统雷达会将路面上的金属物件识别为障碍物，并且自动刹车。另外，福特在去年秋天召回了 3.7 万辆 F-150 皮卡，因为它们在前方路面无障碍物的情况下仍进行了自动刹车。该公司表示，遇到巨大又反光的卡车时，雷达可能会犯糊涂。

车评杂志《凯利蓝皮书》(Kelley Blue Book) 的分析员迈克·哈雷表示，这项技术依赖于多个摄像头以及雷达、激光和计算机的共同配合，来检测物体并判断物体是否位于车辆前方。他说，特斯拉使用的这种重度依赖摄像头的系统"技术还不成熟，尚不能克服强光或低对比度的光线条件造成的盲区"。

哈雷称事故造成死亡是不幸的，但又表示在自动技术完善的过程中，可能还会发生更多死亡事件。[19]

美国国家公路交通安全管理局对此事故进行了调查。基本上，他们就差直接说这全是布朗一个人的错了。不过，他们也特别提到，特斯拉也许应重新考虑"自动驾驶"功能的命名。

自动驾驶汽车如何应对路面情况，可以说是生死攸关的大事。特斯拉 Model X P90D 的整备重量是 5 381 磅。作为参考，一头雌性亚洲象的重量大约是 6 000 磅。

就在我没能在匹兹堡预订到优步自动驾驶汽车之后，我试着预约英伟达公司的车。英伟达生产用于自动驾驶汽车的芯片。他们告诉我，现在时间不巧，让我在拉斯维加斯的消费类电子产品博览会(CES)结束之后再回来咨询。我照做了，但他们没有回复我。Waymo 公司在其网站上表明不接受媒体的任何要求。于是，为了从消费者的角度了解这项技术的最新进展，我预约了一辆特斯拉试驾。那是一个晴朗的冬日早晨，阳光明媚，空气清爽，我和家人前往曼哈顿的特斯拉经销商那里。这家经销商的展厅位于西25街的肉库区，就在高线公园下边。展厅周围是艺术画廊，这些画廊的位置以前都是汽车修理厂。街对面是一幅女性轮廓的铁艺作品，有人用纱线缠住这些铁丝，将金属都盖住了。一件桃色钩针比基尼软塌塌地挂在金属架上。

我们进了店，看见一辆红色的 Model S 轿车。在它旁边，停着一辆同为深红色的小版电动车。这是特斯拉 Model S 和 Radio Flyer 合作推出的儿童版。它就像芭比吉普、迷你约翰·迪尔卡车和动力轮电动车，只不过是特斯拉的版本。我被吸引住了。

我们和一位名叫瑞安的销售人员试驾了一辆 Model X。车门关闭和打开的样子就像猎鹰的翅膀一样。我的儿子走到车边，瑞安按下遥控器，车后座的门打开了。遥控器是一个小特斯拉的形状。门慢慢地打开，开到一半。"它检测到你站在那儿，"瑞安说，"车门不会突然翻开，不然会撞到你，它可看得见你呢。"门停住了，它没能完全打开。瑞安又按了按遥控器，他看起来有点忧虑。他走开去了解情况。我们站在人行道上，看着这一切。

瑞安回来了，看起来松了一口气。"是传感器出了问题。"瑞安解释道。车门传感器旁边有一块店里的"街道清洁日禁止停车"标牌，这块标牌的绿色金属杆和传感器靠得很近。传感器就在后座车轮上方，是安装在车身上的八个摄像头之一。瑞安说，刚才车门就是因为这根金属杆才没能完全打开。他保证，待会儿我们试驾回来，换个停车位置，肯定可以拍到这辆车张开翅膀的照片。

我们上了车，瑞安介绍了车上所有设备的位置。我深吸了口气，车里闻起来是一股新车味和奢华味。驾驶座是白色的"素食皮革"（即人造皮革），座椅靠背则包裹着一个锃亮的黑色塑料外壳，看起来就像 20 世纪 60 年代"007"系列电影里的道具。真的，整个经历非常有詹姆斯·邦德的感觉。

我把脚踩在刹车踏板上，汽车启动了。车上有一个巨大的触摸屏，就在普通汽车上列着许多按钮的位置上。Model X 上只有两个按钮，一个是危险警告灯的开关。瑞安抱歉地摆摆手，解释说："这是联邦政府要求的。"另一个按钮在大触摸屏的右侧，是储物箱的开关。

乘坐电动车的感觉没有燃气引擎汽车那么颠簸。燃气引擎会发生一阵微妙的震动，特斯拉没有这种震动感。当我们从停车位出发驶向西侧高速公路的时候，车子安静而平稳。

我试着通过方向盘左侧的一根控制杆来启动自动驾驶仪。我将它向我的方向拨了两次，试图启动它。它发出声响，控制台上一盏橙色灯闪烁了起来。"这是一辆新车，它的自动驾驶仪没有启动。"瑞安解释道，"我们前几天刚发布了一次自动驾驶仪的大规模更新。这辆车需要几周时间来收集数据，之后就能顺利运行了。"

"那就是说，它不管用？"我问。

"管用呀，"瑞安说，"其实车子已经准备好完全自动驾驶了，但我们还不能放开施行，因为法规，你懂的。"所谓的"因为法规，你懂的"，意思就是说约书亚·布朗死于自动驾驶仪所导致的交通事故，NTHSA 尚未完成事故调查，因此特斯拉暂时关闭了所有汽车的自动驾驶系统，直到开发人员构建、测试并推出新功能为止。

瑞安聊到了未来，他认为未来特斯拉汽车会无处不在。"等我们可以放开施行完全自动驾驶的时候，按埃隆·马斯克的说法，无论你身在何处，都能够一键召唤你的车。可能它需要几天才能找到你，但它总会到达。"不知道他有没有想过，如果要花好几天等待自己的车到达，那么拥有一辆车还有什么意义呢。

谈及自动驾驶汽车时，"将来会有一天"是最常见的话头。不是假设，是总会有这么一天。这个说法对我来说很奇怪。我无法在优步、英伟达或Waymo预约到无人驾驶汽车，这与瑞安所说的"因为法规，你懂的"并无二致。自动驾驶汽车并没有被真正派上用场。或者，它在简单的驾驶场景中是管用的——比如晴朗的日子里，在一条新画好线的空无人烟的高速公路上。优步的子公司奥托让一辆自动驾驶啤酒运输车从东海岸自动开往西海岸，就是利用这一点作为宣传噱头。如果条件设置得恰好，那它看起来就像是管用的。其实，这项技术的缺陷还有很多。不间断的自动驾驶需要两台车载服务器——一台用于操作，一台用于备份。两台服务器的总功率会达到5 000瓦。这个瓦特数会产生大量热，5 000瓦产生的热量足以为一个400平方英尺的房间供暖。目前还没有人想好要如何使用冷却技术来解决这个问题。[20]

瑞安指导我驶入西侧高速公路，汇入车流。通常情况下，我会松开油门让车减速，并向红灯停车处缓行，在车到达之前踩下刹车。但特斯拉有一个"再生制动"功能，当我把脚从油门上移开时，刹车就起作用了。这个功能很令人困惑，因为你得改掉原来的驾驶习惯。这时，有人冲我按喇叭。我不知道他冲我按喇叭是因为我对交通灯的反应不妥，还是因为我开着豪车，他就故意跟我过不去，或者只是因为他是一个普通的纽约混蛋。

我沿着高速公路行驶，转进铺满鹅卵石的克拉克森街道。行车的感觉不像平时那么颠簸，瑞安引导我赶紧行经休斯敦，驶入一段长长的平路。这里没有私人车道，也鲜有行人，长长的路一直延伸到航运设施后面。"打开吧，"瑞安催促我，"这儿没有人，试试看。"

说来就来。我全速踩下油门——我一直想这么干，车子往前冲。这马力真令人沉醉。加速度把我们往椅背上推。"感觉就像室内过山车似的！"瑞安说。坐在后座上的我儿子表示赞同。可惜这个街区还不够长，我们又回到西侧高速公路上。我又踩下油门，就为了感受一阵狂飙。所有人又被抛向椅背。

"对不起，"我说，"我太喜欢这样干了。"

瑞安放心地点点头说："你的车开得非常好。"我笑了。他可能对每个顾客都这么说，但我不在乎。我从后视镜里看到我的丈夫，他坐在后座上，脸色有点发青。

"这是市场上最安全的车，"瑞安说，"有史以来最安全的车。"他给我讲了美国国家公路交通安全管理局曾对特斯拉进行碰撞测试，但没能撞坏它的故事。"他们试图把车翻过来，但失败了。他们不得不弄来一架叉车，才把特斯拉翻过来。我们自己做了碰撞测试，让特斯拉往墙上撞，结果墙被撞坏了。他们在特斯拉上加压力做测试，车子就把加压设备撞坏了。特斯拉撞坏的测试设备比任何汽车都多。"

我们在村路上遇到了另一辆特斯拉，互相挥手致意。特斯拉车主都这样干，他们会互相打招呼。试试开辆特斯拉上旧金山的高速公路，你的手臂会酸痛不已。

瑞安总说起埃隆·马斯克。跟任何其他汽车设计师不同，马斯克个人的拥趸不少。福特探险家的设计师是谁？我不知道。但是，埃隆·马斯克的盛名，就连我儿子都知道。"他很出名，"我儿子说，"他甚至客串出演过《辛普森一家》。"

我们停好车，拍了一张照片：我儿子和我站在那辆亮白色的汽车旁边，车门像翅膀一样张开。我们回到停在外面的自家车上。"现在感觉这辆车好老派。"我儿子说。我们沿着西侧高速公路行驶回家，又经过了那条铺满鹅卵石的克拉克森街道。车子在鹅卵石路上颠簸，这与我们驾驶特斯拉时的平稳大相径庭。我感到车子在不停地轻晃着我。这种曾经沧海的感觉，就像在米其林三星餐厅勒·贝纳丁吃午餐，回家之后发现晚餐只有热狗可以吃。

　　作为一款汽车，特斯拉非常了不起，但是作为一款自动驾驶汽车，我仍持怀疑态度。它的部分问题在于机器伦理尚未最终厘清，因为它太难被清晰表述了。自动驾驶技术的伦理困境通常由经典哲学实践——电车难题引发。想象一下，你开着一辆电车在轨道上疾驶，冲向前方轨道上的一群人。你可以立即转到另一条轨道上，但你会撞上另外一个人。你选择哪一种，一个人的必然死亡还是许多人的必然死亡？谷歌和优步聘请了哲学家来研究这个伦理问题，并将其写入软件。但这个问题目前还没有被解决。2016 年 10 月，《快公司》报道称，奔驰对其汽车进行了编程，他们决定始终优先拯救驾驶员和乘客。[21] 如果一辆自动驾驶的奔驰车冲向校车站的一群孩童，它可以选择撞树，但它的"大脑"将会决定撞向那群孩童，因为这是最有可能保证司机安全的策略。反之，人类驾驶员可能会选择撞树，因为孩子们的生命是宝贵的。这并不是理想化的。

　　想象一下另一个场景：汽车被设定为牺牲司机和乘客，以保全旁观者。你会带你的孩子上车吗？你会让家人坐吗？你想在马路上、人行道上，或者骑自行车的时候，和那些无人驾驶汽车在一起吗？那些汽车的软件很不可靠，它们被设计成要杀死你或司机。你相信那些代表你做这些决定的不知名的程序员吗？对自动驾驶汽车来讲，"死亡"是一项特征，而不是一个漏洞。

　　电车难题是计算机伦理学的经典教学案例。许多工程师应对这种困境的方式难以服众。"如果你知道你至少能救一个人，那就要救这个人。先救车里那个人。"奔驰无人驾驶汽车安全经理克里斯托弗·冯·雨果在接受《名车志》(*Car and Driver*)杂志采访时表示。[22] 计算机科学家和工程师们遵循明斯基和前几代人的先例，往往不三思自己将要打开的先河，也不考虑细小的设计决策蕴含的意义。他们应该要三思，但是他们经常不这样做。而且，业内也没有针对工程师和计算机科学家的伦理培训。不过，美国计算机协会 (Association for Computing Machinery，简称 ACM) 倒是有一套道德准则。2016 年，它做了自 1992 年以来的第一次修订。请记住，互联网是在 1991 年推出的，Facebook 是在 2004 年推出的。

　　推荐的标准计算机科学课程中也有伦理要求，但没有强制执行。据记录，几乎没有大学开设过计算机或工程类的伦理课程。伦理与道德超出了本书目前的讨论范围，但可以肯定的是，这并不是一个新的领域。我们通常基于历史先例而得知事物的真相或得知如何应对事物，但当我们所遭遇的情境突破了这些先例的边界，我们就会使用道德考量和社会契约的概念进行权衡。我们会进行猜想，得出一个能与社会集体框架相称的决策。这些集体框架可能是由宗教团体或实体社群塑造出来的。然而，当人们不需要融入集体框架，或对其他人没有责任感，就会倾向于做出异常的决策。因此，在自动驾驶汽车领域中，我们也无法确保商业写字楼里个别技术人员做出的决策能否切实符合集体利益。这不禁让我们再次发问：这项技术是为谁服务的？我们该如何使用这项服务？如果自动驾驶汽车的程序设定为优先拯救驾驶员而罔顾幼儿园孩童，这是为什么？接受程序的默认设置并上路驾驶意味着什么？

　　包括技术专家在内的很多人都为自动驾驶汽车这个课题敲响警钟，他们对业内人士尝试攻克目前尚未解决的难题的方式感到担忧。互联网先驱杰伦·拉尼尔接受采访时警告其可能引发的经济后果：

　　　　自动驾驶汽车的工作原理与大数据息息相关。自动驾驶汽车的，并不是一个懂得如何驾驶汽车的人造智能大脑。他们只是把街道进行了详细的数字化。那么，数据从哪里来？某种程度上，这些数据都来自自动相机。无论数据来自何处，总会有人在最底层操作这些数据，它并不是真正的自动化。发现路面新坑洞的人，可能是戴着谷歌眼镜的人，也可能是骑着自行车上街的人——无论是谁，只有少数人在采集这些数据。这样一来，数据成了干净数据，它的价值就上升了。今天，自动驾驶系统所需的信息更新输入，每一比特都比我们所能想象的更具价值。[23]

　　在拉尼尔描述的这个世界里，汽车安全性可能要依赖于货币化的数据。那是一个反乌托邦的世界，最好的数据会流向能够支付得起最多费用的人。他警告说，自动驾驶汽车未来的发展道路很可能既不安全，也不符合道德伦理，也未必会为大众创造福祉。但问题是，这些话很少有人听得进去。人们的共识是"无人驾驶汽车非常厉害，而且即将推出"，却鲜有人细想，"即将推出"可是技术专家几十年来的口头禅。至今，所有自动驾驶汽车的"实验"都需要人类驾驶员和工程师全程跟进，只有技术沙文主义者会称此为成功，而非失败。

　　自动驾驶汽车项目促进了一些正面的消费意识进步。我的车四面都装上了摄像头，实时的拍摄功能让停车更加方便。现在一些豪华轿车装有平行停车功能，可以协助驾驶员把车停到狭小的车位上。有些车则有车道监控功能，在汽车太过靠近车道标记线的时候发出警报。我就认识一些开车时会焦虑的人，他们非常看好这个功能。

　　然而，安全性并不是汽车的卖点。车载 DVD 播放器、车载 Wi-Fi 和集成蓝牙这类新功能更能提高汽车制造商的利润。不过，这也未必会为大众创造福祉。安全性统计数据表明，车内装载的技术设备太多，不一定利于驾驶。国家安全委员会是一个监管机构，据它报道，53% 的司机认为，既然汽车制造商能将信息娱乐仪表板和免提技术安装到车上，那它们应该就是安全的。实际上，情况正好相反。随着越来越多的信息娱乐技术进入汽车，交通事故发生得也越来越频繁。人们开始在驾车的时候用手机发短信，分心驾驶的发生率因此提高。美国每年有 3 000 多人死于道路上的分心驾驶交通事故。国家安全委员会估计，驾驶员在查看手机之后，平均要花 27 秒才能再次将全部注意力集中到驾驶上。美国有 46 个州，以及哥伦比亚特区、波多黎各、关岛和美属维尔京群岛禁止驾驶时发短信。然而，驾驶员在开车的时候还是坚持使用手机打电话、发短信或者查行车路线。其中以年轻人居多。根据美国国家公路交通安全管理局的数据，2006 年，有 0.5% 的 16 岁到 24 岁驾驶员被发现在行车时使用手持设备，这一数字在 2015 年增长到了 4.9%。[24]

　　开发自动驾驶汽车来解决安全驾驶问题，就像部署纳米机器人来杀死盆栽上的害虫一样。我们真正应该专注开发的是人类辅助系统，而不是人类替代系统。关键不在于让机器来掌管世界，人类才是重点。我们需要以人为本的设计。举个以人为本的设计例子，汽车制造商可以在其标准车载套装中预装一个屏蔽驾驶员手机的设备，这项技术现在是存在的。这个设备是可定制的，驾驶员在紧急情况下可拨打报警电话，除此之外不能打电话、发短信或上网。这将大大减少分心驾驶的情况。但是，这种设计不会促进经济发展。自动驾驶汽车的大量炒作背后，隐藏着赚大钱的希望。很少有投资者会放弃这种机会。

自动驾驶汽车的经济性可能取决于公众的看法。2016年，《连线》杂志发表过一篇时任总统巴拉克·奥巴马和麻省理工学院媒体实验室主管伊藤穰一的对话，两人谈到了自动驾驶汽车的未来。[25] "这项技术基本上已经成形了。"奥巴马说。

> 我们拥有了这种可以做出一系列快速决策的机器，这些机器能够帮我们大大减少交通事故死亡率，大幅提高交通网络的效率，还能帮助解决导致全球变暖的碳排放等问题。但是，伊藤提出了一个非常优雅的观点——我们想要给汽车嵌入什么样的价值观？我们必须做出一系列选择，经典的难题有：在行车中，你可以转弯以避开一个行人，但是车子可能会撞到墙上，把你撞死。这是一个关乎道德的决策，是谁在制定这些规则？

伊藤回应道："我们发现，大多数人在面对电车难题时，更偏向于牺牲司机和乘客以拯救多数人。他们还说，他们绝不会购买自动驾驶汽车。"我们总被唆使着把生命交与那些机器，但其实人类要比那些机器更道德，也更聪明，这一点并不令人意外。

## 第 9 章

受欢迎的不一定就是好的

如何拍出一张"好"的自拍照？ 2015 年，一些知名美国媒体报道了一项旨在使用数据科学研究回答这个问题的实验结果。任何熟悉摄影基础知识的人都能预测到结果：拍照时焦点对准，不要截断人物的额头，等等。这个实验使用的方法和我们在第 7 章中分析"泰坦尼克号"数据时使用的相同。

虽然最初的自拍照片池中包括老年女性、男性和有色人种的照片，但几乎所有的"好照片"中都是年轻白人女性——只是，研究者安德烈·卡帕西（实验时他是斯坦福大学博士生，如今在特斯拉人工智能部门担任主管）当时并没有注意到这一点。卡帕西使用照片的"受欢迎程度"——照片在社交网站上获得"赞"的数量，作为衡量"好照片"的指标。这位数据科学家基于"受欢迎程度"创建了一个具有显著偏见的模型。该模型偏向年轻、顺性别的白人女性的图像，符合一种狭隘的异性恋吸引力定义。假设你是一位年长的黑人男子，你把自拍照交给卡帕西的模特儿，让她打分。不管怎样，模特儿都不会给你的照片贴上好标签。你不是白人，不是顺性别女性，也不年轻；因此，你不满足模型所设定的"好"的标准。

对读者的社会含义是，除非你以某种方式看，否则你的照片不可能是好的。这不是真的。而且，任何善良或理性的人都不会对另一个人说这样的话！

"受欢迎"和"好"的归并对所有涉及对质量的主观判断的计算决策都有影响。换句话说，人类可以区分"受欢迎"和"好"的概念，能够辨别出"受欢迎但不好"的事物（比如拉面汉堡、种族歧视）和"好的但不受欢迎"的事物（比如所得税、限速），并且以公序良俗对这些事物进行排序。（当然，还有像运动和婴儿这种既受欢迎又好的事物。）机器只能使用算法中指定的标准来识别受欢迎的事物，它无法自主识别出这些事物的质量。

这让我们又回到了根本问题上：算法是由人类设计的，人类会将他们无意识的偏见嵌入算法。这种行为几乎都不是故意为之。这并不意味着我们应该甩掉数据科学这个包袱，而意味着我们应该对我们已知的可能会出错的事情保持批判和警觉。如果我们判定了缺省的歧视行为，就可以设计出推进平等观念的系统。

互联网的核心价值之一是万物皆可排名。现在的社会热衷于给事物打分，我不确定这种热衷源自大众对排行的数学狂热，还是说这种数学狂热只是大众对于社会激励的应激反应。但不管是哪一种情况，排名都是王道。大学排名，运动队排名，黑客马拉松排名。学生费尽心思争夺班级排名，学校被排名，企业员工被排名。

每个人都希望自己名列前茅，没有人希望自己垫底，也没有人愿意聘请（或者选择）垫底的人。但是，在我最熟悉的教育领域，教育工作中存在一个逻辑谬误。假设我们的数据池中有 1 000 名学生和他们的考试成绩，通常考试成绩呈正态分布（贝尔曲线）。一半学生的成绩高于平均水平，一半低于平均水平，而且会有一小部分学生的成绩极高。这种情况是正常的。但是学区办公室和州官员都坚持，他们的目标是让所有学生达到良好水平。但是，除非将良好水平的标准设为 0，否则这是不可能的。对学区来说，他们希望所有学生都能得高分，这是受欢迎的。但是，要完成一个不可能实现的理想并不一定是好事。

受欢迎比好更重要，这个观念被刻在互联网搜索的基因里。想想搜索的起源：20 世纪 90 年代，有两位计算机科学研究生不知道接下来要阅读什么。他们的学科只有 50 年历史，跟数学类那些有几百年历史的学科相比太新了。他们很难搞清楚，除了课内教学大纲提到的内容以外，他们还能读什么。

他们阅读过一些关于分析引文来获得引文索引的数学资料。他们决定尝试将这种数学方法应用到网页上。当年，网页数量还没有那么多。他们的问题是，如何识别最值得看的网页。他们想要一种方法，来识别出值得他们花时间阅读的网页。他们的想法是，这跟学术引用是相似的。在计算机科学中，最常被引用的就是最重要的论文。显然，这个学科最好的论文成了最受欢迎的论文。由此，他们做了一个搜索引擎，能计算出指向某个给定网页的导入链接数量。然后，他们根据页面上导入链接的数量和导出链接的排行，使用一个方程式生成排名。他们把这个排名称为 PageRank，以其中一名研究生的名字拉里·佩奇命名。后来，佩奇和他的搭档谢尔盖·布林将他们的算法商业化，创立了世界上最有影响力的公司——谷歌。

在很长一段时间内，PageRank 完美运转。受欢迎的网页就是好网页——部分是因为当时网络上的内容非常少，"好"的门槛并不高。但是，随后越来越多的人上网，网络上内容膨胀，谷歌开始在网页上卖广告挣钱。搜索排名模型取自学术出版界，广告模型则取自印刷出版业。

随着人们学会利用 PageRank 算法来提升他们在搜索结果中的位置，人气成为某种网络通行的货币。谷歌工程师不得不给搜索算法添加新因素，以免垃圾邮件散布者钻系统的空子。他们还给自动补全关键词功能增加了地理位置维度，可以根据你所处位置周围发生的事为你自动补全关键词。比如，你在搜索框中输入"ga"。如果你附近有很多人搜索佐治亚州（Georgia，简称 GA）的主题（或UGA 足球队），那它就会自动填充为"GA"；如果你附近很多人搜索歌手"Lady Gaga"，那么它就会补全为"Lady Gaga"。现在，谷歌的搜索引擎已经有 200 多个影响排名的因素，PageRank 也已经通过许多其他方法得到增强，包括机器学习。它完美运转，但也有掉链子的时候。

网页设计师设计的新闻阅读版式，就是技术不灵光的一个好例子。报纸的头版是经过精心策划的，不同的区域都有命名："折叠线上""折叠线下"最为表意。《华尔街日报》的头版上有一个"非常之道"栏目，又叫 A-hed。这个栏目的话题颇为放松轻巧。《华尔街日报》的资深员工巴里·纽曼写道：

　　……A-hed 一开始只是另一个头条新闻栏目，但它很快变成了一个讲述奇闻逸事的轻松栏目。它的标题不是引起读者尖叫的震惊体，而是逗人发笑的调侃体。

　　据说，伟大的编辑能够创造出让作者倾注才情的环境。1941 年，巴尼·基尔戈开创的就是这样的环境。他是现代《华尔街日报》的第一任执行主编，他知道，必须给商业世界倾注一点欢乐。

通过把有趣味的小栏目摆到头版，放在日常苦哈哈的新闻报道周围，基尔戈传达了一个更大的信息：任何能够正儿八经阅读《华尔街日报》的人，都应该有足够的智慧往后退一步，考虑生活离奇的一面……

A-hed 做得很好，它不只是一篇新闻特稿。我们的个性、好奇心和激情碰撞出关于这个栏目的想法。A-hed 并不是幽默专栏，也不输出观点。

我们不杜撰报道。有时候，一丝辛辣就可以抵消所有的戏谑。人人不同，报道同一件怪事的两位记者总会以自己不同的怪异方式写出怪事的怪异之处。[1]

这跟脸书信息流之类的滚屏阅读方式大不相同，因为报纸编辑会考虑版面内容的混合：轻松的，黑暗的，还有若干中篇幅的报道来平衡版面。头版报纸上的元素都是经过精心编排的。《纽约时报》有一个专门的团队，每天的工作就是手动整理数字网站的首页。很少有其他新闻机构负担得起这些工作，小机构的首页通常每天打理一次，或者按印刷版的头版内容自动填充。报纸编辑的参与提升了报纸的阅读体验感。这是好的，但并不受欢迎：自从社交媒体蚕食世界以来，纸质媒体的流量一直在稳步下降。

现在时兴将公共话语的流失归咎于记者和媒体。我认为责任不在他们，这般指责对社会也没有好处。媒体从印刷到数字的转变，对全国新闻质量确实产生了巨大影响。美国劳工统计局报告称，在 2015 年的信息产业中，互联网出版和网络搜索门户行业的平均年薪是 197 549 美元；而报纸出版行业平均年薪仅为 48 403 美元，无线电广播行业则是 56 332 美元。[2] 有才能的作者和调查记者追求高薪工作去了，新闻编辑室人去楼空，留下来战斗的人越来越少了。

　　这成了一个问题，因为作弊已被刻在现代计算机技术和现代科技文化的基因中。大概在 2002 年，伊利诺伊州重新设计 25 美分硬币上的压印图案，作为全国硬币新设计的一部分。州官员决定举行设计比赛，让公民投票选出他们最喜欢的设计方案。我的一个程序员朋友偏爱其中一个方案——"林肯之地"。设计图案是年轻英俊的亚伯拉罕·林肯手里拿着一本书，背后是伊利诺伊州的轮廓。林肯的左边是芝加哥城市天际线的剪影，右边则是一个农场的轮廓，有农屋、谷仓和筒仓。在我的朋友眼里，这是唯一应该代表她的州加入全国硬币阵容的设计方案。

　　于是，她决定出手搞点小动作，让天平倾向"诚实的亚伯"（林肯的别称）。

　　伊利诺伊州政府在网上发起投票，希望这种新型的公民参与方式可以让他们在网上延伸出一个新选区。我的朋友看着投票页面，意识到她可以写一个简单的计算机程序，反复给"林肯之地"投票。她才花几分钟就把程序写好了。她在页面运行了一遍又一遍，投票箱塞满了"林肯之地"的票。最后，这个设计方案获得了压倒性的胜利。2003 年，该硬币发行到全国其他地区。

　　2002 年，当我的朋友第一次将此事告诉我时，我觉得很有意思。每次在口袋里的零钱中看到伊利诺伊州的 25 美分硬币，我就会想起她。一开始，我同意她的观点，给州的硬币投票搞点小动作不过是一个无伤大雅的恶作剧。但在随后的几年里，我转而为那些州官员感到难过。伊利诺伊州官员们误以为他们在这个公民议题上得到了公众史无前例的热烈响应，但实际上他们得到的不过是一个 20 多岁的年轻人某天上班时无聊的奇想。只是在伊利诺伊州官员眼里，这看起来就跟大量市民参与公民事务毫无二致。当他们以为有成千上万公民真诚地关心硬币的图案设计时，他们也许喜不自胜。肯定还有许多其他决策也基于投票——人们的事业、晋升，甚至美国财政部的内部财务决策。

同样的欺诈活动，每天甚至每小时都在互联网上发生。互联网是一项伟大的发明，但它也释放出了史无前例的欺诈行为和谎言网络。这些行为以迅雷不及掩耳之势发生，法律也难以跟上。在 2016年美国总统大选之后，人们对假新闻的兴趣一发不可收拾。科技界对假新闻的存在并不感到意外，让他们感到意外的是人们对假新闻的认真态度。"从什么时候起，人们开始相信网上的一切都是真的了？"一位程序员朋友这样问我。他是真的没有意识到有的人并不了解网页的制作方式，也不知道上网背后的原理。正因为他没有意识到这一点，他也就不知道，有些人以为在互联网上读到的内容跟在合法新闻媒体上读到的内容是同样权威的。其实它们是不一样的，只是两者在今天看起来太像了，如果没有特别留意，就很容易混淆合法信息和非法信息。

很少人会特别留心。

一些技术创造者对此视而不见，因此我们需要包容性技术，还需要调查性新闻来向算法及其发明者问责。从互联网时代初期以来，就有许多披着羊皮的狼一直蹲守着网民。2016 年 12 月，计算机科学家的主要专业协会——美国计算机协会（ACM）自 1992 年以来首次更新其道德准则。1992 年以来，出现了许多道德伦理问题，但是这个行业尚未准备好面对计算机在社会公正问题中所扮演的角色。好在新的道德准则提出了建议，ACM 的成员应解决计算系统中的歧视问题——存在歧视情况有部分原因是有数据记者和学者已经采用了算法问责制。[3]

　　我们来看看 18 岁的布里莎·博登的案例。她和朋友在佛罗里达州郊区的一条街道上闲逛，发现了一辆未上锁的 Huffy 自行车和一辆 Razor 滑板车。两辆都是儿童使用的尺码。他们捡起这两辆小车，试着骑了一下。一位街坊居民报了警。ProPublica 网站的记者茱莉娅·安格文在报道中这样写道："博登和她的朋友被逮捕，并被指控入室盗窃及轻微偷窃罪，被窃物品价值总计 80 美元。"[4]然后，安格文将博登的犯罪行为与一宗涉案金额也是 80 美元的违法行为做了比较：41 岁的弗农·普拉特在佛罗里达州一家家得宝超市行窃，偷走了价值 86.35 美元的工具。安格文写道："他先前曾被判犯有持械抢劫及持械抢劫未遂罪，为此服刑 5 年。此外，他还另有一起持械抢劫的指控。博登也有一项前科，但那是她在少年时犯下的轻罪。"

　　这两个人被捕时都得到了一个他们未来犯罪可能性的风险评级——这是常见的电影情节。黑人女孩博登被评定为高风险，白人普拉特则被评定为低风险。此中的风险评估算法"替代性制裁惩教罪犯管理"（COMPAS）试图衡量哪些被拘留者有再次犯罪的风险。开发 COMPAS 的 Northpointe 公司，是试图使用定量方法提高警务效率的众多公司之一。他们没有恶意，大多数这些公司的人都是心怀善意的犯罪学家，他们相信自己正以一种数据驱动的方式，在科学思维的范围内操作这些犯罪行为数据。COMPAS 算法的设计者和使用这个算法的犯罪学家相信，采用一个数学公式来评估某人是否可能犯下新罪行这种方式是更加公平的。"使用客观、标准化的工具，而不是仅仅通过主观判断，是针对每一位罪犯确定编程需求的最有效办法。"加利福尼亚州劳改与康复局（California Department of Rehabilitation and Correction）在 2009 年的一份 COMPAS 情况说明书中写道。[5]

问题是，数学在这里不起作用。安格文写道："黑人被告被认为未来再次进行暴力犯罪的可能性依然要高出 77%，若不区分犯罪类型，这个可能性仍要高出 45%。"ProPublica 发布了他们用于分析 COMPAS 算法的数据。这个举动很好，增强了调查的透明度。其他人可以下载这些数据，再做分析，验证 ProPublica 的分析结果。而且确实有人这么干了。这篇报道在人工智能和机器学习圈子里掀起了一场风暴。紧接着就是热火朝天的争论——那是一场礼貌的学院式辩论，人们写了很多白皮书发布到网络上。其中一个非常重要的文本出自康奈尔大学计算机科学教授乔恩·克莱因伯格、康奈尔大学研究生马尼什·拉加万和哈佛大学经济学教授塞德希尔·穆莱纳桑之手。他们在文中证明，在数学层面上，COMPAS 不可能对白人和黑人被告一视同仁。安格文写道："他们发现，对于所有种族的人士，风险评分可能具有预测性，也可能犯有同等程度的错误——但两者不会同时存在。这是因为，黑人和白人被指控犯罪的频率存在差异。克莱因伯格在论文中说，'如果两个种族的人口基数比例不同，那你就不可能同时满足两个种族对公平的定义'。"[6]

简而言之，算法无法公平地运行，因为人们会将无意识的偏见嵌入算法。技术沙文主义者引导人们相信，程序代码中的数学公式在某种程度上更好，用来解决社会问题更为公正；但事实并非如此。

COMPAS 的评分基于一份 137 分的问卷。这份问卷会在人们被拘留期间向他们出示，这些问题的答案会被输入你在高中时解过的那种线性方程。问卷会鉴定罪犯的七种"犯罪需要"（或称风险因素），包括"教育背景 、职业状况、财务赤字状况""反社会及亲罪犯的社会关系"，以及"家庭关系、婚姻关系、功能失调的个人

关系"等。这些衡量因素都是贫穷的结果，这显然就是卡夫卡式的
噩梦。

Northpointe 公司没有人意识到这份问卷或它的评估结果可能
存在偏见，这跟技术沙文主义者独特的世界观有关。认为数学和计
算"更加客观"或"更加公平"的人通常也倾向于以为敲两下键盘
就能消除不平等与结构性种族主义。他们认为数字世界与现实世界
不同，并且优于现实世界。他们还认为，通过减少人类决策，将决
策权出让给计算，我们可以让世界变得更加理性。如果开发团队规
模小，成员间又志趣相投，且缺乏多样化的话，这种思维可能看起
来就很正常了。但事实上，它并不会让我们的世界变得更加公正和
平等。

我不敢笃定技术空想家和自由主义者能够通过使用更多的技术
创造出一个更美好的世界，但有些事情肯定会变得更方便。只是，
我不信任那个万事皆数字的未来世界愿景。不仅是因为机器偏见，
关键在于损耗。数字技术运行效果不佳，而且持续的时间也不见得
会长。[7] 手机电池电量会耗尽，时间长了还会充不进电。硬盘用了几
年后空间满了，笔记本电脑也会发生故障。自动水龙头无法识别我
的手的动作，甚至我公寓楼里的电梯用的还是几十年前基于主力技
术发明的简单算法——它运行起来很奇怪。我住的那栋公寓楼有多
部电梯，每层楼的门廊都一模一样。其中有一部电梯的布线或者芯
片有点问题，每隔几周，它的毛病就会出现，只要你按下想去的楼
层号码，它就把你带到那一层楼的上一层或下一层。这个情况是不
可预料的。我有好几次下了电梯，走到我以为是我家的公寓门口，
发现我的钥匙打不开公寓门，才知道我走错了楼层。公寓楼里的其
他住户也都遇到过同样的事情。我们在电梯里会聊到这件事。

电梯是一种嵌入了程序的复杂机器，有一个算法决定哪部电梯去到哪个楼层，哪部电梯快速到达大楼的大厅，以及哪部电梯沿途停靠。算法也有不同程度的复杂性——比较新的电梯程序可以给任何时间按下电梯按钮的人优化电梯的路线。在《纽约时报》的办公大楼里，你在中央键盘上按下你的目的地楼层，程序就会引导你进入一部电梯。这部电梯在经过优化的算法下，能将你和其他同时想去相邻楼层的人尽快带到目的地。但是，电梯只有这一项工作，它要在高资质的发明家、结构工程师、机械工程师、销售人员、营销人员、经销商、维修人员和检查人员的共同支持下完成。如果说这么多人一起努力几十年都没能让我公寓楼的电梯完成一项工作，我要如何相信，另一条供应链中类似的高技能人才有能力造出要同时完成多项工作的自动驾驶汽车呢？我要怎么相信它不会害死我，或者我的孩子，或者乘坐校车的其他人的孩子，或者站在公共汽车站等车的无辜孩子呢？

像电梯和自动水龙头这种小东西非常重要，因为它们是大型系统的功能指标。除非这些小东西能正常工作，否则要指望更大的系统能神奇地起作用，那就太天真了。

程序员的无意识偏见已经存在多年。2009 年，知名科技博客Gizmodo 报道称，惠普的面部跟踪网络摄像头无法识别深肤色的面孔。2010 年，微软的 Kinect 游戏系统被发现在光线不足的情况下难以识别深肤色的用户。苹果手表刚上市时没有包含经期记录器——这可是所有女性用户最常用的自我量化功能。比尔和梅琳达·盖茨基金会的梅琳达·盖茨对这个遗漏评价道："我不是在挑苹果的刺儿，但一个健康 App 竟然不能追踪经期？我不知道你们怎么样，但我自己经历了半辈子的月经。这是个明显的纰漏，也是一个我们罔顾女性需求的好例子。"比尔·盖茨也评论了人工智能搜索中女性的缺失："去实验室看看研究人工智能的人，你会发现这边有一名女性，那边也有一名女性。没有了，就这么多，没有第三位和第四位了。"[8] 在实验室以外，科技公司领导层职位的性别平衡情况则好一些——但其实也并不好。据《华尔街日报》汇编的 2015 年多元化数据，领英是大型科技公司中管理层女性比例最高的，但也仅达到 30%。亚马逊、Facebook和谷歌公司分别以 24%、23% 和 22% 落后于领英。一般来讲，在市场营销和人力资源部门晋升到高层的女性往往会提升领导层职位的统计数据。这两个部门与社交媒体团队一样，性别平衡数据要比工程类职位更好。然而，在科技公司，实权往往掌握在开发者和工程师手上，而非市场营销人员或人力资源人员。

同样值得考虑的，还有一夜暴富对程序员们的影响。毒品在硅谷发挥着很大的作用，在更大的科技文化圈中也一样。毒品在 20 世纪 60 年代就是反主流文化的主要部分，从迷幻药、大麻、迷幻蘑菇、佩奥特仙人掌到快速丸冰毒，不一而足。毒品在科技界一直很受欢迎，但是多年来，只要开发者按期提交代码，就没有人真正在乎过开发者有没有嗑药。现在，随着美国的鸦片毒品危机达到高潮，它带来了一个问题：ADD 药物、迷幻药、迷幻蘑菇、大麻、聪明药、死藤水和 DIY 兴奋剂药物在硅谷和在其他地方的受欢迎程度是一样的，技术专家们在多大程度上促进了这些毒品的普及和分销？"由于竞争激烈的副总裁们和肾上腺素驱动的编程人员推动了创业文化的蓬勃发展，不堪重负的管理者也寻求其他出路，违禁药物和黑市止痛药已经成为走在这个世界最前端的科技景观的一部分。"2014年，《圣荷西水星报》的希瑟·萨默维尔和帕特里克·梅写道。[9]

2014 年，加利福尼亚州 18 岁到 25 岁的人群中违禁药物的依赖性和滥用率在全美所有州中排名第二。同年，湾区有 140 万份医疗处方开出了氢可酮——一种常被用于休闲的止痛药。嗑食快速丸可以保持清醒，止痛药则对睡眠有帮助。"硅谷有一种工作狂文化，能以极快的速度处理紧急项目的工作能力在这里几乎是荣誉的象征。"圣地亚哥药物成瘾顾问史蒂夫·阿尔布雷希特对《圣荷西水星报》说，"他们连续好几天都熬夜，许多人就会逐渐借助冰毒和可卡因来保持清醒。红牛和咖啡的效果没有那么强。"在旧金山、马林县和圣马特奥县，每 10 万人中就有 159 人次曾因滥用兴奋剂去过医院急诊室。这是全国平均水平（每 10 万人中有 30 人次）的 5 倍。

米歇尔·亚历山大在《新种族隔离主义》（New Jim Crow）一书中写道，所有种族群体在药物使用这一方面的表现是同等的。[10] 然而，当贫民社区和有色人种社区被积极监视并被强制遵守药物管制法时，那些创建了监视系统的技术精英似乎逃离了审查。2011 年到 2013 年，一个类似易趣网的毒品交易市场——"丝路"在网络上何等招摇。在其创始人罗斯·乌布利希银锒铛入狱后，其他人填补了这个缺口。2014 年，亚历克斯·埃尔恩在《卫报》上写道："DarkMarket（黑暗市场）旨在创建替代在线毒品交易市场'丝路'的去中心化系统，它已经更名为 OpenBazaar（公开市场），以改善其在线形象。OpenBazaar 仅仅是一个概念的验证：4 月中旬，多伦多的一群黑客草拟了这个计划，获得了 2 万美元的一等奖奖金。"[11]

两年后，一位名叫布赖恩·霍夫曼的创业者取得 OpenBazaar 的代码，将其进行商业化，并且获得了风险投资公司联合广场风投（Union Square Ventures）和安德森·霍罗威茨公司（Andreesen Horowitz）的 300 万美元投资，使用替代数字货币——比特币来运营市场。在这里，我们可以看到彼得·蒂尔和其他人想象中的自由主义天堂——一个政府无法触及的新空间。他们的计划似乎奏效了，金融科技公司 Lend Edu 调查了千禧一代对 PayPal 旗下的支付应用 Venmo 的使用情况。33% 的受访者表示他们曾使用 Venmo 购买大麻、安非他命缓释剂、可卡因或其他非法麻醉剂。[12] Vicemo.com 的标语是："看看谁在 Venmo 上买毒品、酒和性"。这个网站会持续显示人们发布他们在 Venmo 上的交易。这里没有什么微妙之处。一个典型的交易是这样写的："卡登付钱给科迪，买了我的食物和大麻。"其他用户则发布药片或皮下注射针的表情。树木、树叶或"割草"这个词通常代表大麻交易。当然，其中有些是玩笑，有些是实际的大麻交易费用。不管怎样，在这个国家挣扎于阿片类药物危机的时候，看到大麻的交易量如此之大，有点令人震惊。[13]

　　毒品是受欢迎的，一直都是如此。大多数人认为毒品不好，至少对整个社会集体不好。因此，倘若技术被用于促进毒品分销，这种用法对文化利益就产生了反作用。然而，当技术诞生于自由主义价值观下，并且罔顾技术的使用场景，这就是合理的结果。假如任何一个购买或出售毒品的人被逮捕，他的数据被录入 COMPAS 系统，这必将使另一种公然歧视行为长存。因此，但凡有新技术创新面世，不妨多问问它是否足够好。我们要问，这项新技术对谁有好处？我们做任何技术选择，都必须调查它们更广泛的应用和影响，并且做好准备，去面对我们可能不喜欢的调查结果。

第三部分

携手合作

第 10 章

搭上创业巴士

技术沙文主义的一个核心宗旨是突破性创新原则。1997 年，"突破性创新原则"这一说法在哈佛商学院教授克雷顿·克里斯滕森的《创新者的窘境》（*The Innovator's Dilemma*）一书中出现后广为人知。他认为，突破性创新是打破市场竞争并且能带来巨额利润的技术浪潮。

创意、新颖、突发、破坏——细想一下，这些词通常与年轻人有关。问任何一位企业高管他想象中的终极创新者是什么样的，他多半会描绘出一位穿着连帽衫、20 多岁的计算机天才，靠编写代码创立下一家价值 10 亿美元的创业公司。他所指的，或者他所希望的是，年轻人想出的创意非常新颖、鲜活、前无古人，他们甚至可以创造一个全新的市场：有新的产品可销售，能勾起消费者新的消费欲望，给现有产业带来新的面貌——甚至创建一个全新的产业。《经济学人》杂志称突破性创新是"近年来最具影响力的商业理念"是有原因的。[1]想想这其中牵涉到多少金钱。这位我们假设出来的高管也可能会提到团队协作的力量，比如把创意人员聚集在一个有白板的房间里，他们也可以创造出突破性创新。

我很想从头到尾旁观一个创新技术的过程，以对比我的假设有多少是符合事实的。我可以选择加入一个办公室团队，花几个月时间帮他们的黑客团队和商业战略家向全世界推出一款新应用程序或软件。或者，我也可以在五天时间内观察同样的全过程。我选择了后者。也正是因为这个选择，后来我与 27 个陌生人一起待在西弗吉尼亚州一辆摇摇欲坠的巴士上，死死盯着各自的笔记本电脑屏幕。那是一个古怪的计算机编程竞赛，叫作创业巴士（Startup Bus）。

由于硅谷的许多东西已被游戏化，创新这一举动被游戏化也就不足为奇了。这个创业巴士比赛就是最好的例子。通常，奖金这种传统的激励方式容易鼓舞人们有动力进行创新。如果你为电视台编写新节目的试播剧本，电视台会付费请你写更多剧本，并且参与节目的制作。还有开放式创新，即企业以外的人出于各种无私或自利动机而开发出新工具或产品。[2] 此外是创新竞赛，由公司发起挑战赛，并为获胜的产品或解决方案提供奖励。DARPA 挑战大赛就是这类创新竞赛的一个标志性例子。这是一个机器人赛车比赛，冠军会获得 200 万美元奖金，我在第 8 章中讲过这个比赛。顺便提一下，游戏节目《幸存者》（Survivor）提供的奖金是 100 万美元。《幸存者》与科技无关，与创新也基本毫无瓜葛，参与者需要在一个只有少量食物或水的热带岛屿上和一群狡诈的陌生人进行淘汰制比赛。比赛时长 39 天，全程录制。

创业巴士比赛像不像一个在巴士上进行的计算机版《幸存者》挑战赛？或者，这群特殊的陌生人是否有能力创造出新的和有价值的东西，给科技行业注入一剂猛药？我说服了我在《大西洋月刊》的编辑安排一个关于此事的报道，好让我找到答案。那天早晨 5 点，我和几十个技术人员站在曼哈顿唐人街的一个街角候车，准备努力去参加创新大赛。

　　第三天，创业巴士上有一半人开始晕车。我们都有两三个晚上没睡觉，而斯莫基山脉的道路本来就非常崎岖，巴士又以最快的速度行驶，我们还一直死死盯着电脑屏幕，不晕车才怪。

　　一名队友撞到了桌子，桌子又一次塌在我们的膝盖上，这种事一天要发生3次，甚至10次也不算多。我们团队的设计师艾丽西亚·赫斯特在桌子倒塌之前抓住了她的电脑，但她的巨大的水瓶掉在了地板上。这种事可不止一次发生了。在我手忙脚乱地翻找可将桌子半固定在墙上的螺栓时，商业策划师埃玛·平克顿举起桌子等候着。天天这样，我们都成老手了。我在背包、钱包、电脑包、能量棒包装纸、延长线和玉米片碎屑的一片混乱中寻找，终于找到了螺栓。

　　简单恢复秩序之后，我听到创业巴士售票员（他们自称如此）珍妮弗·肖拿起麦克风。"嘿，嘿，嘿，纽约！"这话她已经说了上百遍了。肖和埃德温·罗杰斯主持着纽约的创业巴士代表团。这是一年一度的无聊比赛，一部分是黑客马拉松，一部分是公路旅行。我是24名"巴士创业客"（想不到吧！）之一，报了名在巴士上待三天，假装创办一家科技公司。巴士正驶向田纳西州的纳什维尔，我们会在那里与来自旧金山、芝加哥、墨西哥城和坦帕的其他四辆巴士会合。所有巴士上的团队将会互相竞争，以决出在巴士上创立了最好的科技公司的优胜者。

　　肖用麦克风跟大家打招呼时，我们本应该欢呼雀跃。但当时我们行驶在山路上，她只得到了零星微弱的回应。"这可太没劲了！"肖说。她时年36岁，表现出一股造作的开朗，披着一头红色长发，门牙间有一条缝。"大声一点！你好，纽约！"这一次，人们的回应稍微大声了一点，她看起来颇满意。她停顿了一下，脸上露出一丝困惑，好像不记得自己走到麦克风面前要做什么。前一天晚上，她也只睡了两个小时。此时，她的同事罗杰斯接过麦克风。

"我们很快又要到提案阶段了。"他保证道，"到目前为止，你们都还很轻松。但是明天就是预选赛了，裁判们可不会让你们那么好过。他们都是企业家、投资者，还有往届创业巴士的参赛者。他们很清楚这个比赛有多难。你必须向他们证明你的想法具有吸引力。他们希望能在你们的产品上看到有用户和营收的希望，他们想看到一个能赚到 10 亿美元的产品。"他越说越亢奋。他在指导我们的时候，言语间会贬低我们。想想我们挤在一辆拥挤的巴士上，Wi-Fi 时好时坏，电力系统故障导致三个插头要支撑 50 多台设备。在这样艰苦的环境中，他仍要出口斥责我们，仿佛这样的环境还不够艰难似的。我用橙色泡沫耳塞堵住耳朵，转头回到我的笔记本电脑上。我正在研究我们团队的比萨计算应用程序 Pizzafy（稍后我再细说）。我们在启程的那天买了一个域名——pizzafy.me。

创业巴士可以说是每个周末全国各地的黑客马拉松之中最狂热的一个了。黑客马拉松是一种计算机编程竞赛，在计算机程序员的圈子里受欢迎程度仅次于电子游戏、极限飞盘和《权力的游戏》。一场黑客马拉松通常持续 24 小时到 5 天不等，参赛者会喝很多红牛，而且不怎么睡觉。

创业巴士是一种特殊的黑客马拉松——目的地黑客马拉松，要求参赛者前往某个远方的地点，而这段旅程花费的时间就是比赛过程。（一位前巴士创业者经营的名为 Starter Island 的衍生项目要求参赛者在巴哈马的一艘游艇上进行为期 5 天的编程比赛。）据创业巴士创始人伊莱亚斯·比赞尼斯说，大约有 1 300 人曾乘坐创业巴士到

达终点，并且加入了创业巴士启动的项目。2010 年，第一辆创业巴士从旧金山开往奥斯汀，将巴士上的企业家们放在西南偏南电影节（South by Southwest festival）的现场。2015 年，也就是我参加的那一届，所有巴士在纳什维尔会合，举行了一次名为"36 | 38"的技术会议。其实，6 月比 3 月更适合全国公路旅行。2014 年那一届比赛，堪萨斯的创业巴士在前往奥斯汀途中，在高速公路上滞留了 12小时。

尚未参加黑客马拉松的人们谈起它的时候，总将其视作创新的温床，那里就像是伟大的思想家们聚在一起谈论新想法的地方。但真正的黑客并不这么认为。他们之间有一个公开的秘密：黑客马拉松从未创造出任何真正有用的东西。人们发明的无用软件甚至还有一个专门的术语：雾件（vaporware）。顾名思义，雾件就是被创造出来的，但是像雾一样蒸发了的东西，因为在黑客马拉松结束之后，再也没有人跟进这些项目了（尽管每个人都很愿意跟进）。

实际上，黑客马拉松是一项集运动与社交于一身的活动，就像是书呆子的赛艇会。黑客马拉松也是一场极其复杂的招聘大会。顶级科技公司的风投专家和猎头会经常在黑客马拉松现场出没，以发现和挖掘人才。然而，从表面上看，没有人会把黑客马拉松上制作的软件当成短期项目。人们假装开始创业，假装自己在创造具有影响力的软件，假装自己做一些有可能改变人们生活的事情。创造下一个谷歌的幻想实在太诱人了，人们争相报名，放弃睡眠，与一群陌生人共处好几天的时光，就为了玩一把装扮成科技创业家的游戏。

创业巴士是创始人在醉酒后想出来的。2010 年，其创始人兼CEO 比赞尼斯从澳大利亚搬到旧金山市。他在澳大利亚时是一名会计师。他被加州的创业文化吸引而来，无奈囊中羞涩，存款只有几百美元，如果他无法在短期内推出什么产品，他就得离开加州了。一天晚上，他在与朋友们一起喝酒时灵机一动：干脆我推出新版的"创业周末"，自己做一个黑客马拉松吧！但是，让大家都乘坐巴士，这个想法倒是有点奇怪。他打电话叫醒他在佛罗里达州认识的投资人史蒂夫·里佩蒂，里佩蒂答应投资 5 000 美元，条件是巴士要给他留个位子。几个月后，创业巴士项目就启动了。比赞尼斯仍留在查尔斯河风险投资公司工作，现在负责每年的创业巴士项目和"创业屋"项目。创业屋是一种为黑客提供住宿的孵化器，跟 HBO电视剧《硅谷》中总被嘲讽的那所房子一样。此外，他曾在 2013年国际创新峰会（TechCrunch Disrupt）黑客马拉松比赛中担任评委并声名狼藉——当时有两名参赛者提交了一个名叫 Titstare（"盯奶子"）的 App，这个 App 的用途是查看女人乳沟的照片。他们后来声称这是一个玩笑。但是，就我们对技术行业中女性数量和地位的了解，这可不算什么高明的玩笑。哪怕这个 App 确实是搞笑未遂，它也大致可以反映出黑客马拉松中所谓突破性和创新性的真正水平。贝齐·莫雷斯曾在《纽约客》上写道："厌女症在这个从来以其具超前思维的世界观而自豪的领域中本就是由来已久的事实，但其荒谬程度仅是 Titstare 的一半。"[3]

　　话说回来，我的团队正专注于研究一个应该没有什么争议的东西：比萨。我在团队里的角色就是我自己，我坐在创业巴士上撰写关于我乘坐创业巴士的经历。但是，因为我好胜心强，编程也是一把好手，而且还颇具创新能力，我希望我们能赢。不仅如此，我还有一个计划，它诞生于一次失望的经历。三年以前，我第一次参加黑客马拉松，提出了一个我自己真正想要的软件创意。那是一个社区花园搜寻器 App，可以读取你所在的位置，并且列出周边所有社区花园的信息，包括联系方式和花圃等候名单的长度。

当时，没有人想要加入我的团队。

经过那一次，我发现一个理想的黑客马拉松项目是可以在规定时间内实现的，只要这个项目基于赛事中大部分人普遍感兴趣的东西，并且具有一项当下热门的技术主题。硬件曾是人们关注的焦点：那会儿，人们对制造工艺、传感器、3D 打印和可穿戴技术的变革可能性感到兴奋。数据科学与人工智能则一直是很热门的技术。我为这一次黑客马拉松准备了一个万无一失的创意。这个创意是我丈夫开玩笑提出来的，但我越想越觉得完美（不像 Titstare）。

比赛第一天，纽约的创业巴士在早晨 6 点半离开曼哈顿，距离我们原定的出发时间已经晚了一个半小时。肖和罗杰斯让巴士上的每个人站起来提出自己的创意。大家提出的创意有好有坏，参差不齐。软件开发者德雷·史密斯起身说："我的想法很简单，我想做一个虚拟现实舞会。"人们喜欢这种创意。另一名开发者提出了一个帮人们更有效地安排会议室的应用程序。这种程序已经有了，我心想。我可以预言，肯定会有一两个创意是给千禧一代做交友应用程序。（每个黑客马拉松都会有这么一个应用程序创意，复制了现实生活中已有的在线社交网络产品体验。）

有些人提出的创意是其他产品的变体——"这就像 ____ 版本的 ____"。比如，"我想做一个出租船只的爱彼迎"就是当时另一位叫珍妮弗的红发女子提出的创意。用三天时间在巴士上把这样一个程序写出来似乎是非常不切实际的，但我一直很想学会开船，所以我觉得跟喜欢帆船的巴士创业客一起玩应该很有意思。我想，如果我不能基于我的创意组建一个团队，那我就跟她玩吧。

轮到我了，我走到麦克风跟前。"我的想法是做一个能精准计算出派对里所需比萨数量的应用程序。"我说。人们感兴趣地抬头看我。"我以前每个月都会和一群朋友一起举办比萨派对，每次我们都拿不准要订购多少比萨。我们管这叫比萨算术，但几乎每次都算不准。我想做一个应用程序，可以根据参与的人数、参与人的年龄和性别，以及他们喜欢的配料，来计算某个活动所需的比萨数量。"大家鼓起掌来。我比自己预期的更放心，这个疯狂的计划也许可行。

　　我们的比萨技术要感谢团队中的另一位黑客埃迪·赞尼斯基（Eddie Zaneski）。黑客马拉松通常以男性为主，我们的团队成员大多是女性，这一点不多见。埃迪 25 岁，身高 6 英尺 7 英寸，他总是穿着科技活动的免费 T 恤。"我已经很多年没有买过衣服了，"我们面对面坐在摇摇晃晃的桌子边，他告诉我，"但我衣柜里的衣服比我女朋友的衣服还多。"埃迪是一家名为 SendGrid 的技术公司的开发者布道师，他的工作就是去参加全国各地的黑客马拉松，举办比萨派对，向开发者派送 T 恤，以说服他们使用 SendGrid。许多科技公司（包括优步和爱彼迎）使用 SendGrid 的技术来发送自动生成的电子邮件，比如收据或营销信息等邮件内容。埃迪担心他带了太多 T 恤，而我们的巴士上只有 28 人。他有三个巨大的箱子，叠起来有 4 英尺高，就放在巴士下方的行李厢中。

　　埃迪决定去考虑一些比 T 恤更重要的事情，比如让我们的比萨计算器在我们到达纳什维尔的预选赛之前就能运行。于是，他戴上蓝色耳机，转头面向他的笔记本电脑。电脑盖子上发光的苹果 Logo 上贴着一层来自其他技术活动和科技公司的贴纸：18F、Penn Apps、GitHub 和 HackRU。HackRU 是埃迪最喜欢的黑客马拉松，这个活动在他的母校罗格斯大学举办。我选中埃迪加入我的团队，就是因为他电脑上的贴纸。黑客会解读他人的笔记本电脑贴纸，就像时尚专家解读服装标签一样。那张来自政府开放数据团队 18F 的贴纸表示，（像我一样）他喜欢公民黑客技术，也喜欢利用技术实现社会利益。

我们的 App 基于 Node.js、Express.js（一个微型 Web 应用框架）、Mongoose（MongoDB 对象–关系映射器）、Passport（一种权限认证中间件）构建。我们将它部署在 Heroku 上，并使用 Bootstrap 编写前端代码。这些都是开发者用来编写其他软件的免费工具。2015 年，要造出一个互联网应用程序就像用乐高搭一个自己设计的积木房子。互联网上有各种各样的构建模块和代码组件可直接取用，其中最大的存储库是开源代码社区 GitHub。我们只要决定好我们的程序功能，接着找到预建的代码块作为"积木房子"的基础结构，就可以开始建造墙壁和装饰。

大多数现代软件开发都是手艺活，就像建造房屋或家具。参加黑客马拉松，可以跟其他（稍微）更有经验的人一起实践新技术。这是黑客圈子里的又一个秘密。技术文档和在线视频只在一定程度上有用。黑客要想变得出色，或者让产品运行得非常快，就得跟别人聚在一起，面对面交谈。传奇信息理论家和设计师爱德华·塔夫特曾提出过一个理论，解释了面对面交流为何胜过电子交流。[4] 塔夫特认为，视频会议不如面对面会议有效，原因在于显示屏分辨率。我在几年前的一次周末研讨会上听过他谈到这个问题。显示屏具有固定的分辨率和刷新率，人的眼睛从显示屏上只能接收到有限的信息。相比之下，人的视神经能接收尧字节（2 的 80 次方字节）的信息，并且每时每刻都在处理这些信息。从高分辨率的现实世界，我们可以获得更好的信息。随着显示屏分辨率的提高，视频会议已经越来越受欢迎。然而，效率等级仍然存在。电子邮件就像明信片一样有用，但是 5 分钟的通话要比 2 页的电子邮件更有效，因为你可以从对方和你交谈时的语调和你们之间的连接与沟通这一纯粹的事实中，获知一些额外实质的、复杂的形势和信息。高分辨率视频会议胜过电话会议，面对面会议在三者之中最适合沟通复杂信息。然而，低分辨率视频会议比电话会议更糟糕，因为像素失真和漏听的对话会造成大量信息丢失。基本上，这和效率有关。在计算机编程这种复杂的知识工作中，与几个小时的在线教程相比，你可以在 5 分钟的面对面交谈中获得更个性化、相关度更高、数据更密集的信息。

面对面沟通的深度和社区精神是人们参加黑客马拉松的部分原因。当我们完成所有的沟通和设计工作后，Pizzafy 团队就必须设法让人们相信这家虚构的公司。为了让我们的应用程序对用户有"吸引力"，我们必须让真人在上面注册，从而得到市场的验证。我打电话给达美乐比萨，他们占有全美 400 亿美元比萨市场 9% 的份额。负责对外沟通的副总裁蒂姆·麦金太尔非常友好地接听了我的电话。我向他解释了我们的应用程序：团体比萨预订、算法决定比萨配料等等。"这主意听起来不错。"他的声音里透着惊讶，"这样的应用程序，非常对用户的胃口！"达美乐比萨有 55 年的市场经验，有在线订购的功能，甚至还有一个功能，顾客可以在推特上给他们发比萨表情符号，他们会将你最喜欢的比萨送上门。但是，他们没有为团体比萨设计程序。我认为这意味着我们发现了一个服务匮乏的利基市场，于是我在最终演示的 PPT 中引述了麦金太尔所说的话。

据说，有些程序员会通过不断参加黑客马拉松并赢得胜利来谋生。就我本人而言，除了保持奖金和支出平衡，我还没有做出过其他什么成就。我和车上的同僚们每人支付 300 美元才上了这辆巴士，而且我们需要自费购买食物，预订五晚酒店的四人间。要追求 10 亿美元的梦想可不便宜。

　　"基本上，我透支了两个月的生命来组织这个活动。""售票员"肖在宾夕法尼亚州旁苏托尼镇的一家必胜客吃午餐时告诉我。她和另一位创业巴士同僚迈克·卡普里奥坐在一起，卡普里奥在这趟巴士上的职责是在代码和商业策略方面给参赛者做指导。

　　肖主动为午餐买单。"谢谢你的款待，我可穷得叮当响。"卡普里奥说。我很惊讶：肖和卡普里奥都是以创立两家公司的企业家身份介绍给我们认识的。这是技术圈子的另一个秘密："创业家"这个词有时候表示"经营一家成功的公司"，有时候表示"有很多想法，没有多少资金"。科技界人士不像其他行业的人那样谈论金钱。参加黑客马拉松的人谈论起科技公司的估值，就像普通人谈论运动统计学一样。Instacart 是创业巴士的一个成功案例。它的创始人相识于创业巴士，最终一起创立了公司。在我们这趟旅途中，至少有十几个人告诉我，Instacart 曾发展到估值达到 20 亿美元的程度。就是这样的故事，让突破性创新的神话长盛不衰。

　　当巴士到达我们在纳什维尔的酒店时，我的团队累坏了。太多垃圾食品，严重睡眠不足。好在我们的代码能运行，我们还制作了一个 PPT，准备好面对接下来要发生的事情。在预选赛当天早晨，所有团队挤在那辆脏兮兮的纽约巴士上，前往比赛地点——位于纳什维尔北边的一个仓库型活动场所 Studio 615。有人会觉得这很酷：亮堂的白色大箱型空间，高高的天花板，临时舞台，以及开到最大声的舞厅音乐。所有的巴士创业客簇拥而入，将笔记本电脑堆放在黑色塑料布覆盖的折叠长桌上。有些人跳起舞来。这个场地设计得就像时装秀，不同的是现在是上午 9 点 30 分，而角落里有一大盘肉桂核桃卷和甜茶。埃迪的 T 恤在桌子上堆得很高，桌上还有另外两家科技公司的免费 T 恤和几盒贴纸。

第一轮比赛在绿色房间里举行。这是仓库主空间边上的休息室，主空间的墙面由炭灰色的几何壁纸覆盖。房间的墙上挂着一个落地式画像，画像上有一个裸体女人躺在日落时分的沙漠中，手里拿着一罐 Reddi Wip 喷射奶油。

评委们挤在沙发上逐个观看各团队的提案：比赞尼斯、里佩蒂，以及创业巴士两位全国总监里奇·罗比内特和科尔·沃利。在他们之中，只有全国总监能得到报酬。其他人都是志愿者，包括"售票员"。我早前得知，评委可能会询问货币化的问题，或者公司如何赚钱。第一个团队 Shar.ed 进入绿色房间，插上笔记本电脑，准备提案。我在巴士上挨着他们三天了，但不确定他们的项目是什么。他们提出了一个按需众包的营利性教育的创意，人们投票选择他们想上的课程，导师按投票结果准备课程。他们已经在 Indiegogo 平台上启动了众筹，以获取部分项目资金，并且已经获得了几百美元。

下一个项目是 Screet，这项服务旨在为正在激情缠绵的情侣递送他们所需的商品。Screet 是一个智能手机应用程序，目标用户是那些想要采取安全措施但不想山长水远跑去药店的人。它可以约一个 Lyft 或优步司机，让司机悄悄放下避孕套、口腔保护膜或橡胶手套等等。司机会用普通带 SKU 标签的盒子包装这些产品，存放在汽车后备厢里。Screet 称，这项服务尤其对于 LGBTQIA 人群有用，因为在商店很难买到口腔保护膜。这两个提案之后，我从绿色房间出来，回到我的团队，在联播屏幕上观看了其他提案。我们的 Pizzafy 项目是倒数第二个。

我非常紧张，但仍顺利完成了提案。我们进入了半决赛！Screet 也进入了半决赛。此外，还有一个芝加哥团队，他们制作了一个用 iPad 控制的玩具，可以帮助小孩和父母一起玩虚拟恐龙游戏。还有其他一些团队。

我们吃了盒饭。音乐还在播放。我们在仓库主空间的小舞台再次做了演示。这些提案都在直播，至少有其他创业巴士的十几个人在观看。开发虚拟现实应用程序的一个纽约巴士团队 SPACES 上台并感谢了评委。"我们很高兴能有这个机会，但我们的演示内容包含专利材料，所以我们将放弃提案。"团队的 CEO 约翰·克林肯比尔说。人群中一片哗然。埃德温·罗杰斯开始高声欢呼："纽约巴士！纽约巴士！纽约巴士！"这个团队中就有那位虚拟现实舞会的德雷·史密斯，他们已经得到外部投资者 2.5 万美元的投资。他们从台上走下来，穿过人群，与大家握手，接受大家的祝贺和拥抱，享受着台下因他们而起的这一阵喧闹。站在一旁戴着耳机的全国总监们看起来很生气，就好像 SPACES 团队将舞台气氛提前推向了高潮这一举动犯下了什么重罪似的。不过，这种罪很难效仿。

Pizzafy 和 Screet 再次晋级了，还有来自墨西哥城巴士的教育项目和一个来自芝加哥巴士的项目（服药时给指定用户发短信）。那天晚上，其他人都在纳什维尔参加派对去了。艾玛、埃迪、爱莉西娅和我回到酒店。其他巴士上的人们陆续喝完酒回到酒店，坐下来给我们帮把手的也有，闲聊的也有。大家聊起各自在创业巴士以外的生活。我开始感觉，此情此景就像我想象中建造谷仓的样子：许多来自社区的人出现并提供帮助，就为了制作一些只有少数人受益的东西，因为帮别人就是帮自己，每个人最终都会需要这样一个谷仓。这些拼命三郎、黑客和赶时髦的人最终回到现实世界中也需要雇用人员或公司，或者总会遇到什么特别的技术问题，需要别人帮忙解答。他们通过帮忙构建我们的比萨派对应用程序，为我们日后的往来奠定了基础。这是黑客文化的另一个秘密：有时候你会干很多疯狂的技术活，却不知道为什么。你干这些只是因为时间不等人，就像马拉松一样。

我们工作了整晚，第二天白天还一直在工作。我们设计了一个现场观众参与的功能作为噱头，重新设计了 PPT 的版面。我一遍又一遍地练习提案演示，直到将每一处停顿和每一个比萨双关语都记得清清楚楚。最后，在下午晚些时候，最后一轮提案开始了。这一轮的评委中有一个人来自 Instacart 公司。

亚军是 PillyPod 项目，这是一个"当亲人未按时服药时会通知用户"的设备。他们在本周开始使用网站域名 pillypad.co，但是很快发现有一个成人网站的地址是 pillypad.com，他们只好修改了项目名字，把 PillyPad 改成 PillyPod。

接着就到了宣布冠军的时候。我听到评委说出我们团队的名字。全场的灯光疯狂地舞动了起来，DJ 大声播放凯蒂·佩里的《黑马》，我们四个人走上舞台。肖拥抱了我，罗杰斯拥抱了我，还有我不认识的人也拥抱了我。罗杰斯哭了。我和团队成员站在台上，那几分钟，我感觉好极了。

经过创业巴士这一周，我可以告诉你赢得黑客马拉松是什么感觉了。那感觉就像在吃馅饼的比赛中狼吞虎咽吃了很多馅饼，最后发现奖品竟然是……更多馅饼。没错，我很乐意出售我的比萨技术新公司，以换取一大笔钱。我对这个项目没有抱多大希望。这是黑客文化的又一个大秘密：一夜之间的成功是黑天鹅，它来如闪电，是无法预测的极端值。有用而持久的技术无法用一个周末快速创造出来，哪怕有一周时间也不行。那得是一场马拉松，而不是一次短跑冲刺。

我们往往对黑客马拉松上的创业内容能实现的东西抱有不切实际的幻想。然而，现实往往又事与愿违。创业巴士就是一个很好的警示例子，技术变革的可能性存在许多夸大的成分。[5] 在我乘坐的那辆纽约创业巴士上，没有一个应用程序最后大获成功。那个在比赛中途就获得投资的 SPACES 团队，在那之后很快就解散了。现实中很少有突破性或创新性的软件，而突破性和创新性兼有就更少见了（当然，也有明显的例外，如谷歌搜索引擎）。要知道，我们的比萨计算程序几乎全都是用别人的代码块东拼西凑的，而且计算订购比萨的数量绝不是什么突破性或创新的点子。那只不过是将从前人们手工完成的计算改为自动化计算而已。不过，我还是从那趟巴士旅程中学到了一些东西。我的编程能力和提案能力都得到了提升，还为我以后的项目攒下了一些可能会派上用场的人脉。

软件开发主要是一门手艺，它与其他手艺活——木工、玻璃吹制等一样，要成为专家都需要很长的时间（以及一段学徒期）。参与开发工作以及民主化开发工作，看起来或听起来都未必能够让人想出颠覆性的技术理念，但这是技术界的未来所在。

## 第 11 章

第三次浪潮：人工智能

本书至此，我们已经谈过，人工智能的运行原理并不像我们所期望的那样。我们看到了信息的错误传达，披着预测分析外衣的种族主义，还有被打破的梦想。现在，该聊点稍微令人高兴的事了：一条将最优秀的人力和最高效的机器结合起来的协作前进道路。人类与机器合作的表现要优于人类或机器单独工作。

这要从少年时的我和我家的草坪说起。我父母的房子以前是一座农舍，占地大约 4 000 平方米。从 11 岁开始，我的工作就是给草坪割草。我们有一台小型骑乘式割草机。用它割草感觉特别棒——几乎跟开车一模一样。我跟许多郊区的孩子一样，迫不及待地想要考取驾驶执照。只要是天气好的时候，每个周六，我都会坐着割草机在院子里割草。其实我不喜欢割草，但我非常喜欢驾驶割草机。

院子非常大，房子很旧，建在山坡上，所以地形颇为复杂。房子的后方有一个不规则形状的宽草坪，两侧各有两个圆形花园，前方有一片丁字形草坪，我需要覆盖到这些区域。

我有一条按地形行驶的路线。我会从后院开始，先在宽草坪边界收割一圈，开个好头。割草机的轮子会在草坪上留下平行的轨迹标记。接着走下一圈，我会让右前轮准确地轧上第一圈留下的左轮轨迹。这样，我就能确保割草机的刀片每一圈都能均匀地切割到草。每次我从窗户往外看，都能看到一种我喜欢的解构式螺旋图案。

我的母亲是一个狂热的园艺爱好者，她给院子里不同微气候的区域设计了精致复杂的花坛。其中有些小花园的构造有 90 度角，颇有特色，看起来很优雅。但是，割草机的转弯半径和刀片的位置意味着，除非我将割草机开到花坛以下 4 英尺的深度，否则无法切割那些 90 度角处的草。我可以在靠近花坛边沿的地方切一个圆弧，但它够不着那些 90 度角所在的角落。

我其实可以用骑乘式割草机完成大部分工作，然后回头再使用手推式割草机完成花坛角落的工作，这样那些角落就会是直角而不是弯的了。在我 11 岁时，负责割草的那位园丁拉尔夫就能办到这一点。事实上，他全程的工作都是使用手推式割草机完成的。但凡我是个更好的人，或是个乖孩子，我就会乖乖这么做。我妈唠叨了我无数次，而我几乎没有完成过一次。我能为此找到借口（过敏、太累了、中暑），但我怀疑真正的原因是我太顽固了，我不乐意那样做，所以我压根儿就不想做。我讨厌被割断的草和花枝从手推式割草机中飞出来击中我的小腿，我的小腿会因此红肿冒疹。我讨厌割草机散发出来的燃油气味和热浪。我讨厌我推着手推式割草机时全程窒息的感觉，因为我对草过敏。坐在割草机上时，我位于卸料口的前上方。但如果使用手推式割草机，我就在卸料口后方正对着它。手推式割草机让我非常难受。

我妈妈最终放弃唠叨，重新设计了花坛的布局，把直角改成了圆角。

那台骑乘式割草机就像一台电脑。我父母之所以购买这台骑乘式割草机，是因为它应该是一个省力的设备。他们不再雇用拉尔夫，而是以较低的价格"雇"我来完成同样的工作。但是，骑乘式割草机（我的每一次工作都遵循同一条路线，就像 Roomba 自动扫地机器人在屋子里工作时一样）的构造跟拉尔夫的手推式割草机不同，它们的工作方式不完全一样。此外，操作人员也不一样。拉尔夫是专业的园艺师，他做这份工作非常专业。而我只是一个对草过敏的暴脾气青少年，做这份工作很业余。我妈被迫在二者中做出决定：她是想要一个使用时髦技术但无法按她的需求完成工作的廉价方案，还是一个使用不那么花哨的技术但能完全按照她的需求完成工作的昂贵方案呢？

我妈是一个务实的女人，她有很多孩子和很多花坛，所以她选择把花坛改成圆角的。我们在自动化技术方面做的很多事情都与此如出一辙。自动化技术能处理许多无聊的工作，但它不会处理极端情况。极端情况需要人工参与。你得为极端情况建立人力解决方案，否则无法完成。

同样重要的是，不要指望技术能够处理极端情况。以人为本的高效设计要求工程师知悉，要完成工作，有时候你得自己动手收尾。例如，一个自动通话系统能够处理致电航空公司的人所遇到的大多数普通问题，但总归需要有一个人接听电话，因为总会有特殊情况。在新闻编辑室中，自动化技术同样可以处理大量工作。但是，总要有人接听电话，或者总要有人在新闻发布前审核自动生成的报道，因为技术有其局限性。有一些问题，人类能看出来，但机器看不出来。

这种有人类参与的系统有一个名称，叫人机闭环系统。在过去几年里，我一直对使用这一框架构建技术十分感兴趣。[1] 2014 年，我在寻找新的人工智能项目时，向少数记者和程序员询问他们认为的下一个热点是什么，结果竞选财务获得压倒性的票数。当时，美国总统大选在即；2010年联邦最高法院的裁决向不受捐款及开支限制的超级政治行动委员会（super Political Action Committee，简称super PAC）打开闸门，公民联合会已经整装待发。数据记者对竞选财务了如指掌。

我决定加入战斗。我制订了一个检测竞选财务欺诈及调查隐私的新人工智能引擎计划。这是一个人机闭环系统，能实现自动化挖掘调查性新闻新视角的过程。它跟许多人工智能项目一样，运行起来看着很利落，但是效果并不好。了解人工智能项目的构建原理，可以深入了解人工智能为何会兼有利落和无用两种特点。

有些调查性新闻简直是瓮中捉鳖，非常适合用来部署人工智能。要使用计算机来挖掘新闻，你得先确定有新闻可待挖掘。有钱的地方就有大量的故事。只要你有一大笔钱，那么不可避免地，就会有人试图把它弄走。飓风后的复苏、经济刺激计划、非招标合同——如果你要找一个尽干坏事的人，会发现他们潜伏的地方通常都有大量金钱。

联邦政治竞选活动的大笔资金总是会吸引到一些坏人。一般来说，政客擅长管理公共资金，同时也是忠诚的公仆。但有时也有例外。总体而言，数据记者的态度是，我们在2016年总统大选之前就应该密切关注竞选资金事宜。

我很想知道，我为教科书项目制作的软件是否可以应用到不同的场景。在技术界，我们重视迭代的价值——创造一个东西，然后将它重建得更好。我想用这个旧项目来迭代。我先前已经制作出这个工具了，可以显示一个学区中有问题的站点。那么，我是否可以制作出一个工具，显示出这个终极大区——华盛顿哥伦比亚特区的问题站点？

在哥伦比亚大学新闻学校 Tow 数字新闻中心的慷慨资助下，我决定开发一个新的聚焦于竞选资金的新闻挖掘引擎。这个工具可以让记者快速有效地在竞选资金的数据中挖掘到新的调查性新闻视角。先前建立引擎的目的是帮记者撰写关于学校课本的报道。这一次，我想做一个能帮记者在各主题领域中挖掘新闻的东西。我想建立一个更大的系统，让调查性新闻中单调繁重的工作实现更多自动化。当时距离大选还有很长时间，因此我有足够的时间来构建新技术，推出用于报道大选的新闻。

我听说过不少黑钱和 super PAC 在 2010 年公民联合会案件的裁决之后如雨后春笋般出现的事，我知道这个复杂的系统中肯定有大量我不明白的内情。但竞选财务就像公共教育一样，是一个复杂的官僚体系，拥有大量数据。竞选财务非常适合作为测试案例来开发一个新引擎。我想知道我能否用它找出不遵守自己所立规则的规则制定者。

我先从系统的设计思路入手。换句话说，我和那些对我想做的事情非常了解的人谈过，并且采用了他们关于那个圈子的说法。我和资深记者、竞选财务专家谈过，还采访了各种各样的竞选财务数据专家——记者、联邦选举委员会（简称 FEC）官员、律师以及竞选财务监督组织的人员。对我帮助特别大的是政府快速响应技术团队 18F 的设计师和开发人员。

就在我构建工具的同时，18F 团队正在给已过时的 FEC 网站设计新的用户界面。FEC.gov 是美国所有竞选财务数据的主要公布渠道。这个网站浏览起来一直很不方便，因此数据也很难理解。而逐步推出的新界面将信息醒目地显示了出来。然而，新界面并未精准提供记者在挖掘新闻时所需的信息。相反，它专注于简单有效地公布 FEC 数据（这是一个崇高的目标）。所以，我的工作重点是设计一个界面，为记者提供 18F 新界面无法提供的信息。我最重要的消息来源是 ProPublica 的德里克·威利斯，这位记者（可能）比 FEC 的工作人员都要了解竞选财务数据。威利斯几十年来一直在报道竞选财务的新闻，他还构建了一套实用的自动化工具——OpenElections、Politiwoops 等。他的工具已经非常好用，重新做这些工具是没有意义的。我想做一些锦上添花的工作，比如多做一个挖掘工具，能使新闻报道的过程更快。此外，我阅读了许多东西。最具挑战的部分是数百页的美国法典和 FEC 法规和政策。我记下了其中出现的共同主题，密切关注人们常用的词汇。

第一步是设计系统架构。软件就像建筑物一样，具有底层结构。故事发现引擎是一个人工智能系统，但它并不依赖于机器学习。它来自人工智能程序的另一个分支，被称为专家系统。在 20 世纪 80 年代，初步构想是专家系统就像一个盒子里的专家。你会问盒子一个问题，就像你问医生或律师的问题一样，盒子会给你一个有根据的答案。不幸的是，专家系统从未起过作用。人类的专业知识太复杂，无法用计算机那种简单的二进制系统来表示。然而，我决定破解专家系统的想法，并将其转变为一个回路系统，这个回路系统基于记者专业知识的规则在运行。它运行良好。我没有做一个盒子来告诉我答案，但我确实做了一个引擎来帮助作为记者的我更快地找到报道。

我决定用现实世界政治制度的规则来制定电子系统的规则。这个决定非常明智，因为我不必自己创建计算规则；但它也有缺陷，因为美国的竞选财务规则的复杂程度堪比犹太法典。我先试着简要介绍一下。每一位联邦职位候选人都有一个官方授权的竞选委员会。公民个人可以通过委员会向候选人捐助有规定上限的金额，目前这个限额是一场选举 2 700 美元。其他的政治行动委员会（PAC）可以筹集资金并捐给候选人的委员会，而这些 PAC 能说什么、能捐多少也各有限制。super PAC，也称独立支出政治行动委员会，则可以代表候选人进行无限制的资金筹集和支出活动。不过，他们可能不会就支出事项与候选人或候选人的官方委员会进行协商。还有其他利益集团，包括领导力 PAC、混合型 PAC（Carey PAC）、联合筹款委员会、527 组织和国税法 501（c）类机构。这些组织可以以代表或者反对一位或多位候选人为立场，进行筹款、支出或参与竞选。委员会和 PAC 需要向 FEC 汇报他们的开支和收入；527 组织和 501（c）类机构则需要向国税局（IRS）汇报开支。

不管你怎么看美国政府官僚机构，它确实非常适合数据库建模。官僚主义内的各种规则和法规就像一个精心设计的拜占庭式迷宫，错综复杂。各种欺诈诡计——或最轻微的要手段，发生在规则的夹缝中。计算机代码是一套庞大的规则。因此，假如能在使用计算方式表达现实规则的时候发挥一些创意，我们就可以有效地模拟竞选的财政运作方法。这样，我们就能够知道在哪里可以找到问题所在。我整理了一个图表，模拟了相关机构实体以及它们之间的关系。这些机构实体成了模拟对象。

"竞选财务欺诈"是一个有用的短语，但它已经成了一个名存实亡的笼统表述。实际上，很少有竞选财务欺诈行为，因为原本的欺诈行为如今几乎都已经不违法了。20 世纪 70 年代，美国对候选人的筹款、开支数额以及筹款来源都有非常严格的限制。在那之后，标志性裁决已经在逐渐削弱这些限制。2002 年,《两党选举改革法案》(Bipartisan Campaign Reform Act)允许联邦候选人和政党的募捐限额每隔几年逐步增加。2010 年,"公民联合会诉 FEC 案"的裁决决定,只要 super PAC 等外界团体不与候选人协商支出的情况,就允许其代表候选人筹集与支出不限额的资金。同年,"Speechnow.org 诉 FEC 案"裁定,取消诸如 527 组织之类的外界团体允许筹集的资金数额限制。这些团体只需要公开资金捐赠人身份即可。2014 年,"麦卡森诉 FEC 案"的裁决取消了个人为候选人、政党和 PAC 捐款的总额上限。[2] 竞选资金管理方面的完整解释已超出本章的范围,至此不再展开细说。但我强烈建议读者浏览响应政治研究中心(Center for Responsive Politics)网站,它为非专业人士提供了竞选资金管理方面非常优秀的入门知识。

与专家们沟通完以后,我提取了那些对话中共同的元素。所有专家在调查(或关注)竞选财务欺诈活动时,都各有其特别关注的某些异常类型。有些异常信号会一再出现,比如行政超支。要理解行政超支,我们要从它的定义说起。严格来说,所有政治委员会都是非营利机构。但跟常规非营利机构不同的是,它们须向 FEC 提交财务报告,而非 IRS。在非营利机构,通常一部分资金用于机构所致力的目标,一部分资金用于维持机构运行。目标驱动的费用通称"计划开支",内部运行的费用则称"行政开支"。在政治委员会里,计划开支就是用于选举活动的费用:购买电视广告、印刷传单、数码广告的费用,购买民居广告牌的费用,或直接给候选人捐款。行政开支是诸如职员薪水、办公室文具用品或组织筹款活动的花费。行政开支与计划开支的比率是衡量一个非营利机构健康状况的指标。人们在决定捐款给哪个非营利机构时,会根据这个比率来考量这些机构是否具有良好的运营状况。

　　还有一类需要注意的异常情况是供应商网络。假设佚名女士正在竞选总统，普通民众张三想要为佚名女士的事业捐赠 100 万美元。记住，捐款不能直接交给候选人，而只能捐给佚名女士的授权竞选委员会——JDP。然而，张三也不能直接给 JDP 100 万美元，因为个人捐款的限额是 2 700 美元。但张三可以向一个 super PAC——正义与民主政治行动委员会（JDPAC）捐赠这笔资金。这个 PAC 会按他们自己的方式花费这笔钱，以促成佚名女士当选总统。JDPAC 支出这笔资金的方式，称为独立支出。这种独立支出政治行动委员会（就像 super PAC）的特点就是 super PAC 不能与官方竞选委员会协商开支问题。因此，JDPAC 也不允许与 JDP 协调其工作。

　　现在，我们假设佚名女士的竞选委员会 JDP 聘请了威奇托市一家平面设计公司来制作竞选广告。那么，JDP 提交给 FEC 的开支报告中将会出现这家广告公司的名字——威奇托设计公司。我们再假设独立支出委员会 JDPAC 碰巧也聘请了同一家平面设计公司制作广告。那么，JDP 提交给 FEC 的开支报告中也会出现这家公司的名字。要说这两个委员会之间没有协调过，是有可能的。也许这家平面设计公司内部有极强的保密政策：他们可能在内部做了避嫌，对员工进行培训，要求他们不进行任何沟通协调，他们也许能够独立应付两个客户。这是完全有可能的，也是合法而恰当的。而且，许多委员会都使用相同的供应商来完成普通的工作。比如，美国的薪资核算公司数量有限，大多数竞选办公室和外界团体都会使用安德普翰（ADP）的服务来处理薪资，这不是什么新闻。但是，要说供应商内部发生了沟通协调，也同样是可能的。因此，假如记者轻松地发现 JDPAC 和 JDP 聘请了威奇托市同一家平面设计公司，而这家公司碰巧由佚名女士的大学室友经营，那记者肯定会跟进，看其中是否存在非法协调行为。这就很可能会成为大新闻。

按惯例，我们要为软件项目起名，就像给宠物起名一样。有了名字，项目人员在交流时才能言之有物。我决定将这个项目命名为Bailiwick。根据韦氏字典，这个词有两个定义："法警的职位或管辖范围"或"一个特殊的范围"。这两个定义看起来都挺合适，毕竟"法警"就是在法院帮法官维持法庭秩序的官员。在我的想象中，这个软件拟人化之后就像是20世纪80年代的电视节目《夜间法庭》（*Night Court*）中的高个秃头法警布尔或风趣法警罗兹。它将在人和数据之间来回传递文件，而且它将以中间人的身份提供半官方的功能。我也很喜欢"bailiwick"这个词，它读起来有点俏皮可爱。在我的世界里，只要能让竞选财务数据变得更有意思，我来者不拒。

而在更为实际的现实中，软件必须有名称，因为你得把它放入电脑上的某个目录里，这个目录必须有名称。最好在项目一开始就将名称定好，正如给初生婴儿起名一样重要。另一方面，假设你给宝宝起名为约瑟夫，两天后你改变主意了，想叫约西，于是你直接开始管他叫约西，还在他的T恤上印上"约西"。但是在计算机程序里，如果修改了根目录的名称，可能会给你的代码捅出大娄子。

Bailiwick，就这么定了。

接下来，我们就进入了开发阶段。我在这个项目中遇到的一些难题，是任何编码项目都可能面临的挑战。比如，我已经很长一段时间没有写过代码了，我决定雇人来帮忙。聘请开发人员和聘请律师没有什么不同，优秀的那些总是贵得离谱。而且，很难找到优秀的人员，因为他们都不做广告——他们不需要。这些人肯定有什么名录，但对普通人而言还是很难找得到。我在网上搜索"招聘

Django 开发者"，结果得到了一大堆垃圾，包括这样的广告：

Django 开发工作 | Django 开发者 | 自由职业

Django team 是网络上最受欢迎的 django 自由职业网站。

Django team 是 Django 开发者、工程师、程序员、编程者、架构师等的天堂

在网上找开发人员实在太难了。于是，我开始利用我的社交圈寻求推荐。专业服务在线招聘本应是科技与人方便的一个例子，但实际上，它甚至让事情更难办了。算法的顶层设计可以被操纵以获得利润，这样会干扰普通用户执行简单操作的能力，比如搜索开发人员。有一次，我尝试在网上找一个勤杂工来我家修理东西，也遇到了同样的问题。这样的事情时刻提醒我筛选的重要性。网络世界本应让每个人都能找到自己的答案，有时候人们要做一些简单的事情，却要花费很长时间。选择的悖论有时是一种负担。

十分遗憾，我发现自己的境况就像 19 世纪那些需要更多人类计算员的协助却一无所获的数学家。我想组建一个完全由女性和有色人种组成的团队。我研究了我的各个社交圈，发现这比我预想的要困难得多。我和一个自己创业的黑人女性开发者谈过，我付不起她的薪水。我甚至买不起我朋友的软件公司跳楼价的服务。最后，我雇用了一名女性和三名男性，整个项目的男女比例是 3∶2。对一个截止日期如此逼近的小团队来说，这也是没办法中的办法了。

在项目管理中，有一个公开的秘密——没有人知道如何评估软件项目的工期。部分原因是编写计算机代码更像是写文章，而不是制作东西。原始代码还没写出来，所以并没有什么好办法可以评估，

要把它写出来需要花多长时间。尤其是假如项目要实现的功能是先前没有人实现过的，那就更不可能评估工期了。还有一个问题，写代码的是人，而不是机器。人们不擅长估算工作要花费的时间和精力，他们会去度假，会花一个下午在 Facebook 上闲逛而不干活。简而言之，他们是人，人就是这样。人是变量，而不是常量。

用简单易见的方式来表达复杂关系是很困难的。我与用户界面专家安德鲁·哈佛合作，他设计了一套页面，让记者能高效地组织和整理对他们有用的信息。州媒体的记者一般会关注本州与竞选相关的新闻。而国家媒体的记者则关注总统选举和关键州的选举。话说回来，系统会让你选择自己关注的竞选和州。这些信息在你登录后会显示在你的收藏夹列表中。图 11.1 显示了记者看到的她是否支持 2016 年美国总统候选人希拉里·克林顿、唐纳德·特朗普和伯尼·桑德斯。单击其中一个名字可以跳转到相应的候选人页面。每个候选人向 FEC 提交一系列财务报告。记者可以使用 Bailiwick 滚动浏览并阅读个人财务报告或财务报告汇总。

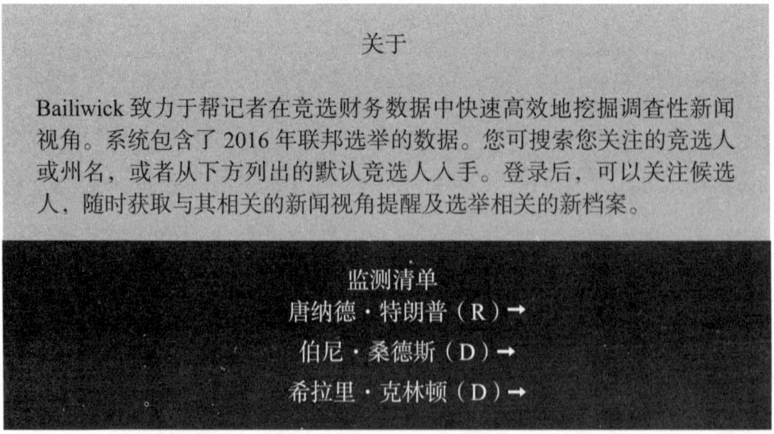

关于

Bailiwick 致力于帮记者在竞选财务数据中快速高效地挖掘调查性新闻视角。系统包含了 2016 年联邦选举的数据。您可搜索您关注的竞选人或州名，或者从下方列出的默认竞选人入手。登录后，可以关注候选人，随时获取与其相关的新闻视角提醒及选举相关的新档案。

监测清单
唐纳德·特朗普（R）➡
伯尼·桑德斯（D）➡
希拉里·克林顿（D）➡

图 11.1　为 2016 年美国总统候选人定制的 Bailiwick 闪屏

我们通常认为捐款情况表示民众的支持和反对情况。然而，竞选财务法规对捐款的分类是不同的。还记得候选人授权委员会筹款和独立支出委员会筹款吗？ Bailiwick 会解析这些报告，并将捐款分为支持团体和反对团体。这样能节省记者的时间和精力，他们也能轻松地浏览并查看相关的名字。

候选人的内部团体和外界团体形成了本页底部这张树状图的内容。解析数字非常难，但查看方块图则容易得多。这些方块的相对大小很重要，捐款者数量和捐款总额也同样重要。点击任何一个方块，就可以看到相关细节。如图，伟大美国政治行动委员会（Great America PAC）在就职典礼上的开支是独立支出委员会中最多的团体（见图 11.2）。

点击这个方块，我们可以看到，这位捐赠者在支持特朗普的竞选

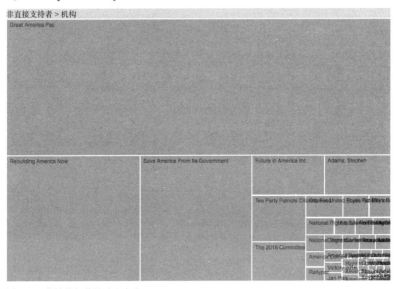

图 11.2　支持特朗普的独立支出

上花费了 1 270 万美元，数十次独立转账交易贯穿了整个选举过程。

　　系统还有可视化发现新闻视角的能力。比如，在我第一次看到特朗普竞选委员会支出模式的树状图时，我发现有一个相当大的方块表示专门用于帽子的开支（见图 11.3）。截至 2016 年 12 月，这场竞选为购买一家名为 Cali-Fame 的公司生产的帽子一共花费了 220 万美元（见图 11.4）。

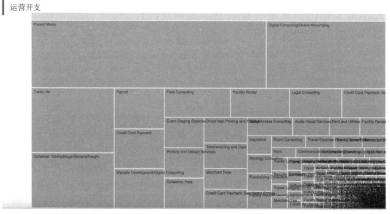

图 11.3　唐纳德·特朗普竞选委员会截至 2017 年 12 月的运营支出（按类别组织）。注意底部被标记为"Collateral: Hats"的矩形

　　2016 年秋，我对 Cali-Fame 一无所知，但在我看来，这里面也许能挖掘出新闻。记者菲利普·邦普同意我的看法。2016 年 10 月 25 日，他在《华盛顿邮报》上发表了报道《唐纳德·特朗普竞选委员会花在帽子上的钱比民调还多》。[3] 不仅如此，特朗普的竞选团队还在 T 恤、马克杯、贴纸和运费上花费了 1 430 万美元。这笔支出都花在一家名为 Ace Specialties LLC 的公司。这家公司的主营业务是生产石油和天然气行业的工作服，老板克里斯托·马赫福兹是埃里克·特朗普基金会的董事会成员。[4] 从这里挖掘下去，又是一个新闻。

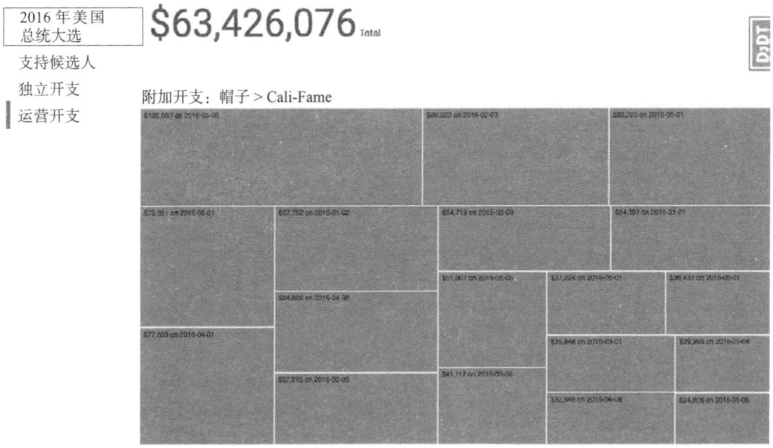

图 11.4　唐纳德·特朗普竞选委员会向 Cali-Fame 支付的款项中标有"帽子"一词，按日期和金额排列

安德鲁·谢瓦奇曼是旅游行业网站 Skift 的一名记者，他的视角跟我们不同。他用这个工具写了一篇报道《克林顿与特朗普：总统候选人的出行花费都用在了什么地方》。在报道中，他分析了特朗普如何给自己的公司 TAG Air 支付竞选资金进行竞选旅行。[5] 这不是违法的，只是值得留意。这也是一个好机会，记者们可以谈论竞选财务中许多合法但可能不合适的事情。想要就这些话题发起公开对话，唯一的办法就是撰写新闻报道。讲述新闻故事是我们了解世界的方式。了解世界并不容易。我们需要进行公开对话——包容各种声音的对话，以便以民主的方式解决这些问题。

我们的 Story Discovery Engine（新闻挖掘引擎）是人机闭环系统，而不是自治系统。两者的区别就像无人机和喷气飞行器的区别，这种区别要求不同的有效软件设计。如果你希望电脑做出神奇的事，你一定会失望。但如果你希望它帮你加快办事的速度，那就没问题。使用机器辅助在价值 2.9 万亿美元的美国对冲基金行业中越来越流行，该行业先前的主流做法一直是使用量化方法。都铎投资公司的负责人、亿万富翁保罗·都铎·琼斯 2016 年对他的对冲基金团队说过一句著名的话："没有人能胜过一台机器，没有一台机器能胜过一个能操纵机器的人。"[6]

我们一般可以这样理解这个引擎工具的运行原理：它指出了事实是什么，以及事情本应是什么。在上面的例子中，"事情本应是什么"，即外部团体的行政开支应该不大于总开支的 20%；"事实是什么"，即外部团体向 FEC 提交的财务报告文件指出的年度行政开支占比。如果存在异常——行政开支大于 20%，就有机会挖掘到新闻。

注意，我说的是机会。并不是每次出现异常就能挖掘到新闻，因为任何一个选区都可以对出现大量行政开支给出充分的理由。如果这台机器指出某个组织有 47% 的可能性做了违法的事情，理由是这个月的行政开支比上个月高出 2%，那就太荒谬了，而且可能会构成诽谤行为。我们不想制造这样的机器。

当我与计算机科学家交流时，他们常常会建议查看 5 个最高结果、5 个最低结果以及数据集中的平均值。这种看数据的本能确实不错，但从新闻的角度看来，这样的结果常常不那么耐人寻味。假设我们提取了一个学区的雇员工资清单。5 名薪资最高的员工可能是校监或者最高级别的主管，5 名薪资最低的员工可能是没有加入工会的临时工。这没有新闻价值。对于那些没有深入了解过薪资水平的人来说，这可能会有点令人惊讶或略感兴趣。但这与具有新闻价值还是有点区别的。在新闻业中，我们的义务是提供准确而且能引起人们兴趣的信息。而计算机科学家可以在训练有素的小众圈子内（这始终令我羡慕）提供引起人们兴趣的信息。"兴趣"的门槛在各个领域是截然不同的。

如果我要查看那些具有大量行政开支的团体，我可能会先查看那些行政开支占比较大的团体。异常值就像树上低悬的果实，伸手可得。我会先看行政开支占比最高及最低的团体，看看能找到什么有意思的内容。

我对 Story Discovery Engine 做了一个重大修改。在我尝试解释原来的教科书引擎时，人们总是问我："你是说，你造出了一台能够吐出新闻构思的机器？"我解释道，这不是一台能吐出新闻构思的机器，它更加微妙，跟自动化有关。我展开讲到自动化，大多数人的目光已经开始呆滞，听不下去了。于是，我决定尝试将 Story Discovery Engine 的第二个版本做成一个能吐出新闻构思的机器。图 11.5 是我设想的功能界面：

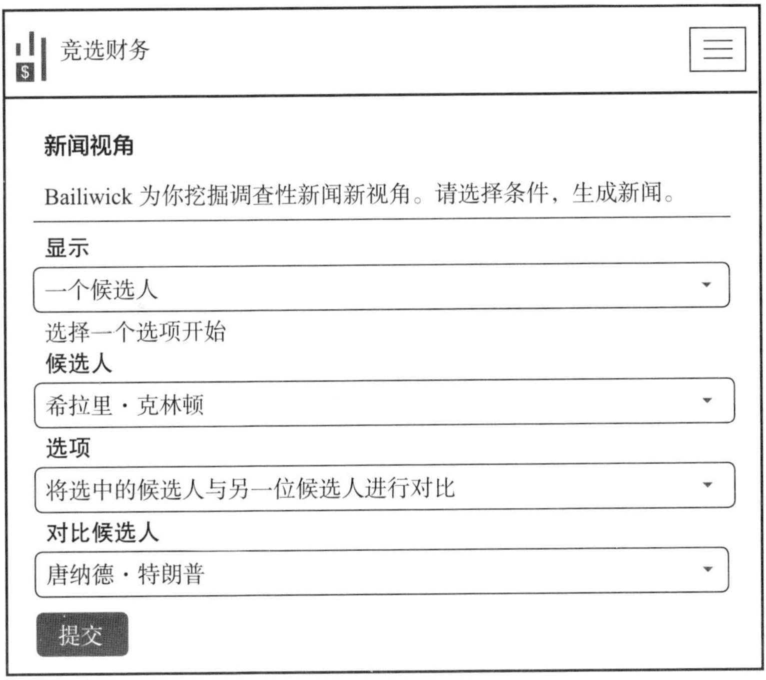

图 11.5　新闻构思页面

我应该指出，新闻视角功能与其他功能不同，它是一个最小可行产品（minimum viable product，简称 MVP）。它能运行，你能看到实际的结果——但仅限于一个案例，并非我们策划的所有案例都有效。这一点，我们在说明文档中讲得非常清楚。它运行正常，我有信心对外声称它是有用的。从开发人员的角度来看，这是一个已经被解决的问题。但是，一个软件有可能在并不真正有用的情况下正常运行。这不是一个非此即彼的情况。人不可能"有点怀孕"，但软件有可能"有点正常"。MVP 的目的是正常运行并用以向人们展示，以此获得客户或下一轮开发资金。这不是优秀的设计，这种做法令人诟病，强行塞给用户一些拥有半正常功能的软件不是什么好事。但是，这已经成为惯例。我觉得我们可以做得更好。但大多数时候，人们会遇到一个问题，跟我在 Bailiwick 项目中遇到的问题一样：在完成新闻视角功能之前，我们耗尽了资金，也耗尽了开发时间。

下面，我再讲一个开发过程中非常典型的问题示例。如果这个问题没有被发现，可能会产生广泛的影响。有一天，我的代码抛出了一个错误消息，但我不理解。我决定创建一个新的数据库，并且从头加载我全部的 350 万条记录来测试代码。前 10 秒一切正常，然后出现了一个不同的错误。我修复了一些我认为是问题所在的代码，并再次尝试加载数据。但是，没有用。我又修改了另外一些我认为是问题所在的代码。情况却变得更糟。我回到原来的数据库，尝试重现那个错误，结果出现了一个完全不同的错误。我意识到我永远不可能修复原来的数据库，于是我永久切换到第二个数据库。我感觉很不安——团队的其他人正在使用原来的数据库，而我让它处于一种可用但损坏的状态，这让其他人无法继续编写代码。这只是一个普通的版本控制问题，但由于精确度在计算中的重要性，我所引起的错误可能会给其他人带来一系列令人泄气而又令人费解的错误。

这些问题在新闻编辑室对技术的应用中都可能成为障碍。通过小规模地排除障碍，我们可能发现如何排除大规模的障碍，也可能发现大规模努力导致失败的原因。我们还可以发现，编写代码不是那种可以在流水线作业中完成的工作。有些工作可以用工厂模式（流水线）完成，有些则要使用小批量生产模式。在工厂模式中，你可以查看所有工作流程，并决定哪些流程可以机械化，哪些流程是可重复的。在小批量生产模式中，你也可以做同样的事情——但有些流程仍要手工完成。不妨将计算新闻看作慢食运动。

到目前为止，这个工具的影响范围不大，但影响力很大。我不知道有多少记者使用这个工具来挖掘新闻，但我在上课时会定期使用它。我每学期大概有 30 名学生，这意味着这个工具一年至少能产生 60 个新闻报道。比起开发这个工具的成本，这个结果还不赖。如果在新闻编辑室定期使用这个工具，那么每一个用它写出来的报道就可以通过页面上的广告产生收入了。它不会让我们突然暴富，它带来的收入只是沧海一粟。这个工具不像工厂大批量生产流水线那样可以挣到大钱，它只是一个能创收的手工制作产品。

目前，我的竞选资金工具还没有产生任何收入。从财务角度看来，它不能可持续发展。Bailiwick 作为教学工具，作为调查性项目的模型，作为计算机新闻应用研究（与"理论研究"相对）的范例，是具有价值的。令我相当懊恼的是，这种无形的价值对于维持 Bailiwick 服务器运行所需的每月 1 000 美元费用无济于事。这是技术界的另一个秘密：创新是要费钱的。如果我早知道这个项目会花费这么多钱，我可能会在开发过程中做出不同的选择——但由于在此之前没有人做过这种特殊的软件，我们根本无法预测费用。我在估算这个项目的运营费用方面存在盲点。这是一种在创建新技术时会出现的盲点——你必须有信心，相信自己能发明出你想要的东西，并且相信自己能解决财务问题。要打造一个工程，有时就是惊险地纵身一跃，投入未知世界。

## 第 12 章

老化的计算机

我不打算让 Bailiwick 就这么永远运行下去。到某个时候，我会让它下线、归档，然后去做下一个软件项目。软件就像一辆车、一株植物或者一段感情关系，需要你的呵护和持续关注。它也有生命周期。

网站、App 和程序都会经常损坏，因为它们所在的计算机老化了，需要升级了。世界每天都在变，软件需要升级。哪怕你只是将一个简单的网站做了服务托管，那家服务公司总会变更管理条款、被收购、升级服务器等等，最终有些东西就会不可避免地损坏。在你参与软件项目的每一年，你都在为自己累积技术债务——维护软件、添加补丁和修复程序。安德鲁·罗素教授和李·维塞尔教授在《纽约时报》的一篇社论中写道，有 60% 的软件开发成本花在日常维护上，比如修复漏洞和升级软件。[1] 有一项事实与大众所以为的相反，那就是在软件项目中，未来需要的大量工程师和软件开发人员，在新项目初期的创新环节中是不需要的。70% 的工程师专职维护现有产品，而非制造新产品。

软件需要日常维护。这一点提醒我们，数码世界不再是一个新的世界。就像第一次互联网热潮的先驱们一样，数码世界步入了中年。如果我们将明斯基或图灵的年代视作数码时代的开端，那么如今数码时代已然步入老年。现在到了对技术以及维持技术更加诚实和现实的时候。我对此相当乐观，认为我们能够找到一条利用技术支撑民主和人类尊严的前进道路。

错误已经犯下了。这可能是媒体行业面对数字革命时时克制的原因，也可能是科技行业应对数字革命的难点。关键是要知前车之鉴，以便日后不再犯同样的错误。

有一件事我们可以做，我们可以不再称技术为新的、闪耀的、创新的事物，而将其视为生活中寻常的一部分。世界上第一台计算机 ENIAC 于 1946 年面世。我们有半个世纪的时间可以用来弄清楚如何整合技术和社会。半个世纪的时间可不短。然而，漫长的半个世纪过去了，我却常常在参加技术会议时发现，会议的前 10 分钟花在了尴尬的等待之中。要等到有人搞清楚怎么用投影仪让 PPT 显示在大屏幕上，会议才能进入主题。如今，我们已经成功利用数字技术加大了美国的贫富差距，促进了非法药物滥用，破坏了新闻自由的经济可持续性，引发了"假新闻"危机，削弱了公民投票权和公平劳工权益，监视公民，传播垃圾科学知识，在网上对人进行骚扰和跟踪（主要是女性和有色人种），让飞行器学会了一些能力（最好的能力是骚扰人，最坏的能力是扔炸弹），增加了身份盗用的案件，致使黑客为盗取数百万信用卡号用于欺诈活动，出售大量个人数据，选出唐纳德·特朗普做总统。这并非早期技术传道者愿景中更美好的世界。今天这个世界所存在的人性问题从来有之，不是什么新鲜事。但今天的问题藏身在代码和数据中，这使得它们更难被发现，更容易被忽略。

　　显然，我们需要做出改变。我们不应该再迷恋技术。我们需要审核算法，警惕不平等现象，减少计算系统及科技行业内的偏见。劳伦斯·莱斯格写道，如果代码是法律，那么我们需要确保编写代码的人不违反他们写下的法律。至今，他们在自我管理方面的努力还有许多进步空间。前车之鉴可做后事之师，首先，我们要留意这些问题。

　　新闻界和学术界的一些项目表明，一种关于人工智能的更为平衡的新视角即将出现。其中有一个项目是 AI Now 计划，这是由来自微软研究院及纽约大学的凯特·克劳福德和谷歌开放研究所的梅雷迪斯·惠特克于 2017 年创立的策略小组。该组织由硅谷资助，最初是奥巴马总统白宫科技政策办公室（Office of Science and Technology Policy）和白宫国家经济委员会（National Economic Council）的联合项目。AI Now 发布的第一份报告聚焦于人工智能技术在四个基本领域产生的社会和经济问题：医疗保健、劳工就业、不平等和道德伦理。他们的第二份报告呼吁"对所有核心公共机构（例如负责刑事司法、医疗保健、福利和教育的机构）使用禁令，立即停止使用'黑匣子'人工智能和算法系统，而转向使用通过验证、审核或公共审查等机制来实现问责制"。[2] 另一个智库——由达娜·博伊德带领的 Data & Society 项目，致力于理解与提升人类在人工智能系统中起到的作用。[3] 在第 9 章的"好自拍"实验中，假如他们对被试者（即那些给自拍点赞的人）及实验者的社交环境能有更细微的理解，他们本可以从实验中受益。另一个值得研究的领域是禁止社交网络上显示露骨内容的人类系统。每当网络上的暴力或色情内容被识别出来，必须有人类去查看并判断它是不是斩首的视频，是不是什么物件被不恰当地插入孔中的照片，是不是表现了最险恶的人性的其他东西。每天观看这些污秽内容可能会造成创伤性心理问题。[4]我们绝对应该审视这种做法，站在文化共同体的立场，共同决定此事的意义以及我们应该采取的措施。

在机器学习领域，已经有许多针对更好地理解算法不平等和算法问责制的举措。公平、责任及透明机器学习会议（简称 FAT ML）以及机器学习社区在这方面是先锋。[5]在哈佛大学定量社会科学研究中心，拉坦娅·斯威尼教授的数据隐私实验室正在研究大型数据集（尤其是医疗数据）中潜在的隐私侵犯行为，这是一项突破性工作。该实验室的目标是创造技术和政策，"允许社会在一些有价值的目的驱使下收集和分享私人（或敏感）信息，同时保护隐私"。[6]同在剑桥市的麻省理工学院媒体实验室主管伊藤穰一正致力于改变计算机科学界对种族和民族多样性的表述，并创建质询系统。麻省理工学院研究生卡西克·蒂纳格尔在人机闭环系统方面的研究表明，麻省理工学院媒体实验室教授伊亚德·拉万已经着手研究他所谓的"社会-机器闭环"的机器学习系统，他希望将这个技术用以清晰阐明人工智能中的道德伦理问题（比如电车难题）。还有一个聚焦人工智能的伦理与治理的项目，由麻省理工学院媒体实验室与哈佛大学伯克曼·克莱因中心牵头发起，由人工智能伦理与治理基金会（Ethics and Governance of Artificial Intelligence Fund）资助。

当然，还有兢兢业业的数据记者们。尽管新闻行业裁的裁，减的减，他们仍做出了高水平的工作成果。坊间还有许多卓越的工具可用以对文档和数据进行复杂分析。DocumentCloud 就是一个安全的文档在线存储库。截至笔者撰写本文时，DocumentCloud 共有 360 万个源文档，全球范围内累计有 1 619 个机构的 8 400 多名记者使用过它。DocumentCloud 的用户散落在全球各地，也有小型与大型新闻机构。许多具有高度影响力的报道，就将文件托管在 DocumentCloud 上，比如巴拿马文件和棱镜门事件中斯诺登的文件。[7] 全球的数据记者数量正慢慢增加。2016 年，数据记者年会 NICAR 第一次召开时，有 1 000 多名参会者。每年，都有诸如数据新闻奖之类的奖项被颁发给真正有影响力的调查数据项目。我们看好数据新闻学的未来，是有原因的。

本书广泛涉及了当今计算技术的历史和基础知识。在我思考人们理解计算机的方式时，我决定前去参观计算机诞生的地方：宾夕法尼亚大学莫尔电子工程学院。在那里，游客可以参观那台被视作世界上第一台数字计算机的 ENIAC 的部分机件。从某种意义上说，ENIAC 的家也是我的事业开始的地方。20 世纪 70 年代，我的父母在宾夕法尼亚大学读研究生的时候开始约会。他们在学校的计算机中心一起待了很长时间。他们会将穿孔卡片排好装在盒子里，去计算机中心排队，等轮到他们了，就将卡片放入大型计算机里进行统计实验。我母亲曾经告诉我，如果卡片掉地上了，那就全完了，能不能排列回原来的顺序就自求多福吧。

在莫尔大楼外面，有一个为 ENIAC 设立的纪念牌，上面的字体与费城其他历史地标的字体一样，比如制作出第一面美国国旗的贝琪·罗斯女士故居。我去的那一天，空气清爽，万里无云。在人行道上，数十名身穿深色西装和裙装的高中生从我身边走过。有些学生手里攥着标记着"模拟国会"的白色三环活页夹。有些男生在不合身的西装外套了滑雪服，其中有一位穿的是迷彩服，帽檐有一圈毛皮。一个女孩穿着黑色鹿皮高跟鞋在人行道上拖着步伐走路，我听见她向她的朋友抱怨："我甚至不知道怎么穿高跟鞋走路。"他们很开朗、纯净，在校园里感觉像大人一样，没有老师盯着。这让我想起，当年就是模拟联合国（反正要穿不合身的衣服什么的）之类的活动帮我的朋友和我过渡到成年。把自己打扮成成年人，参与模拟的职场活动，是我们学习做成年人的方法之一。我想，用视频会议或即时聊天来取代这些经历也是可以的。但这样干就很无趣了，我也很难想象青少年会想要这样干。

　　我没有门禁卡，于是，我在大楼入口处徘徊，直到一位有门禁卡的学生出现。他瞥了我一眼，确定我对他没有什么威胁，便不以为意，继续他在电话里嘀嘀咕咕的对话。我进了大楼，在走廊的窄道上穿行，有点迷路。我经过了快速成型实验室和精密加工实验室。两个实验室都装满了笨重的钻床、3D打印机和处于不同失修状态的巨型机械。工程师们对设备的要求很高。一位机械工程专业的学生不忍我碰壁，带我去了ENIAC所在的地方。它就在一楼的木制双门后方的学生休息室里，只有几块面板展出。一块使用20世纪60年代字体的标牌写道："ENIAC，世界上第一台大型电子通用数字计算机。"

　　在休息室里，有三个可供学生团队使用的木制餐车式展位，另外还有三个带吧台椅的吧台区，供非团队合作的学生使用。一沓Facebook宣传明信片散落在一台电脑和打印机旁的吧台上。"成为Facebook软件工程师，无论是实习生还是应届生，你编写的代码都将影响全球超过14亿人。"一张卡片上这样承诺。显然，Facebook正在招募那些行动迅速、勇于创新、能承担风险和解决问题的人。"连接世界，人人有责。"这张卡片又明确告诉我。我同意，连接世界确实是一项团队协作活动。然而，我对单纯使用技术来解决问题仍存疑问。技术已经引起社会结构上的摩擦，这些摩擦都显示群体和机构中的面对面社交联系比以往任何时候都更重要。理解力和群体身份认同最好通过现场和在线互动来培养，而非仅通过屏幕上的互动。

电脑旁边有一堆废弃的教科书。我默默地读起它们的书名：《生命：生物学科学》《高等工程数学（第三版）》《高级工程数学（第三版）学生解答手册》。尽管这些书是被心不在焉的学生落下的，但看到数学书和生物学书被摆在一起，我仍感到有点愉悦。这表示这位学生既想着技术，又念着自然演化。

休息室外有三个计算机实验室，每个实验室都有数十台计算机。休息室里的学生没有一个把 ENIAC 当回事儿。有些人在研究 Python 习题集，还有几个学生在聊 MCAT 的备考进度。人们提着白色塑料袋和咖啡杯（从外面的餐车上买的午餐）晃进休息室。实验室里的学生表现出一种大学生式的真诚、严肃和可爱。这些学生就是模拟联合国活动那些孩子若干年后想要长成的样子。这些孩子都太棒了。我喜欢在大学里工作。大学是充满希望并且有益的地方。

ENIAC 在玻璃墙后显得很不起眼。原机器占据了整个地下室。一排真空管铺在地上，看起来像是微型灯泡——就像威廉斯堡的时髦酒吧使用的电线外露的复古小灯泡。

我面向 ENIAC 显示区的主要部分。黑色电线从每个部分的底部垂下，线绕着线，连着一个插头。插头和旋钮数不胜数。在它的循环单元面板上，有一个巨大的白色眼球似乎正茫然地盯着我。这就是它的信息读取器吗？我意识到，难怪它看起来那么熟悉，原来它就是克拉克、库布里克和明斯基给《2001 太空漫游》中那台"有感知力的计算机"HAL 9000 设计的同款摄像眼球。ENIAC 的眼球是白色的，HAL 9000 的眼球是红色的。红色看起来更骇人。

墙上挂着的黑白照片显示，人们在 ENIAC 原本所在的地下室中操作它。八名男子站在这台计算机前，僵硬地摆着姿势。在录像中，女性工作人员穿着西装和平底鞋，梳着一丝不苟的发型，手中不停开关旋钮，接入插头。我在最近这几年才开始看到这样的画面。也许这些画面一直在那儿，只是我没有注意到。也许是有人有意识地尝试让女性进入计算机科学的叙事影像。不管是哪一种情况，我都颇为欢喜。我也喜欢六位女性计算员被随意拍摄到的一张照片，她们一个挨着一个，都在开怀大笑。我喜欢这些女孩在一起很开心的样子。这个画面提醒人们，计算领域未必非得由男性主导不可。20世纪40年代到50年代，许多人类计算员都是女性。但是，到了开发者们（大部分都是男性）决定推进数字计算机时，女性计算员的工作岗位便销声匿迹了。随着计算成为高薪职业，女性也逐渐被淘汰。这是经由慎重选择的结果。人们在计算机发展的早期选择模糊女性在其中扮演的角色，后来又将女性从计算的劳动力市场上排挤出去。我们现在就可以改变这一情况。

我想到了 ENIAC 与当今 Windows PC、Linux PC 实验室中的计算机的差距。这些机器承载着无数的人力和智慧。我无比尊重科学技术的历史。然而，计算机会出错，这是因为计算机是人类在特定的社会和历史背景下创造出来的。

技术人员有特定的学科优先级，这些优先级指导着他们制定决策算法的开发决策。通常，这些优先级会让他们轻视人类在创造技术系统或管理大数据方面的作用。还有更糟糕的，这些优先级会让他们忽略自动化对人类工作场所的影响。

看着 ENIAC，想象用这堆笨重的金属解决世界上的所有问题，这听起来似乎很荒谬。但随着 ENIAC 变得越来越小、越来越强大，我们现在可以将它收在口袋里，要想象关于它的事情并且实现这些事情也就变得容易多了。我们需要停止这样的行为。将现实世界变成数学是很了不起的戏法，但是很多时候，在这个等式中，总有无法用数学量化的人类部分被晾在一边。人类现在不是，也从来不是麻烦。人类就是关键，是所有技术应该服务的对象。而且，这并不是指一小部分人类——人人都应被包括在内，也都应从技术的开发和应用中有所受益。

致　谢

感谢让此书得以成书的所有人。感谢纽约大学亚瑟·L.卡特新闻研究所的同事们、纽约大学数据科学中心摩尔-斯隆数据科学环境研究所的同事们、哥伦比亚大学新闻学院 Tow 数字新闻中心的教职员工们，以及我在天普大学和宾夕法尼亚大学的前同事们。我永远感激在成书过程中帮我审读、为我赐教或以其他方式促成书稿的人，他们是：埃琳娜·拉尔-维瓦斯、罗莎莉·西格尔、乔丹·埃伦贝格、凯茜·奥尼尔、米里亚姆·佩斯科维茨、萨米拉·贝尔德、洛里·塔普斯、基拉·贝克-多伊尔、简·德莫霍夫斯基、约瑟芬·沃尔夫、索伦·巴罗卡斯、汉纳·瓦拉赫、卡蒂·博斯、珍妮特·阿尔特维尔、莱斯利·亨特、伊丽莎白·亨特、凯·金西、卡伦·马斯、史蒂维·圣安杰洛、杰伊·柯克、克莱尔·沃德尔、吉塔·马纳克塔拉、梅林达·兰金、凯瑟琳·卡鲁索、凯尔·吉普森，以及我的写作团队和麻省理工学院出版社的优秀团队。我很荣幸能成为数据记者和新闻工作者群体的一员。我要感谢"计算＋新闻"研讨会上的同事，感谢美国国家计算机辅助报道协会（NICAR-L）和 ProPublica 的每个人，特别是斯科特·克莱因、德雷克·威利斯和西莱斯特·勒孔特。此外，我要特别感谢雅各布·芬顿、阿利·卡尼克、安德鲁·哈佛、蔡斯·戴维斯、迈克尔·约翰斯顿、乔纳森·斯特雷、BC. 布鲁萨德、瓦伦·D. N. 以及在 Bailiwick 项目上提供过协助或建议的所有人。致我的家人、朋友及所有亲人：感谢你们在我写这本书的过程中给予我的帮助与支持。最后，我一如既往地感激我的丈夫和儿子，他们是如此非凡。

注 释

第1章 你好，读者们

1. Turner, *From Counterculture to Cyberculture*.

2. Brand, "We Owe It All to the Hippies."

3. Dreyfus, *What Computers Still Can't Do*.

第2章 你好，世界

1. Weizenbaum, "Eliza."

2. Cerulo, *Never Saw It Coming*.

3. Miner et al., "Smartphone-Based Conversational Agents and Responses to Questions about Mental Health, Interpersonal Violence, and Physical Health."

4. Bonnington, "Tacocopter."

第3章 你好，人工智能

1. Silver et al., "Mastering the Game of Go with Deep Neural Networks and Tree Search," 484.

2. Turing, "Computing Machinery and Intelligence."

3. Searle, "Artificial Intelligence and the Chinese Room."

第4章 你好，数据新闻学

1. Cox, Bloch, and Carter, "All of Inflation's Little Parts."

2. Hart, Robbins, and Teegardin, "How the Doctors & Sex Abuse Project Came About."

3. Kestin and Maines, "Cops Hitting the Brakes—New Data Show Excessive Speeding Dropped 84% since Investigation."

4. Kunerth, "Any Way You Look at It, Florida Is the State of Weird."

5. Pierson et al., "A Large-Scale Analysis of Racial Disparities in Police Stops across the United States."

6. Angwin et al., "Machine Bias."

7. Meyer, *Precision Journalism*, 14.

8. Lewis, "Journalism in an Era of Big Data"; Diakopoulos, "Accountability in Algorithmic Decision Making"; Houston, *Computer-Assisted Reporting*; Houston and Investigative Reporters and Editors, Inc., *The Investigative Reporter's Handbook*.

9. Holovaty, "A Fundamental Way Newspaper Sites Need to Change."

10. Waite, "Announcing Politifact."

11. Holovaty, "In Memory of Chicagocrime.org."

12. Daniel and Flew, "The Guardian Reportage of the UK MP Expenses Scandal"; Flew et al., "The Promise of Computational Journalism."

13. Valentino-DeVries, Singer-Vine, and Soltani, "Websites Vary Prices, Deals Based on Users' Information."

14. Diakopoulos, "Algorithmic Accountability."

15. Anderson, "Towards a Sociology of Computational and Algorithmic Journalism"; Schudson, "Four Approaches to the Sociology of News."

16. Usher, *Interactive Journalism*.

17. Royal, "The Journalist as Programmer."

18. Hamilton, *Democracy's Detectives*.

19. Arthur, "Analysing Data Is the Future for Journalists, Says Tim Berners-Lee."

20. Silver, *The Signal and the Noise*.

第5章 为什么穷学校无法在标准化测试中取胜

1. Duncan, "Robust Data Gives Us the Roadmap to Reform."

2. Lane, "What the AP U.S. History Fight in Colorado Is Really About."

3. Broussard, "Why E-books Are Banned in My Digital Journalism Class"; Wästlund et al., "Effects of VDT and Paper Presentation on Consumption and Production of Information"; Noyes and Garland, "VDT versus Paper-Based Text"; Morineau et al.,

"The Emergence of the Contextual Role of the E-book in Cognitive Processes through an Ecological and Functional Analysis"; Noyes and Garland, "Computer- vs. Paper-Based Tasks"; Keim, "Why the Smart Reading Device of the Future May Be … Paper."

4. Ames, "Translating Magic."

5. Kraemer, Dedrick, and Sharma, "One Laptop per Child"; Purington, "One Laptop per Child."

6. Broussard, "Why Poor Schools Can't Win at Standardized Testing."

7. School District of Philadelphia, "Budget Adoption Fiscal Year 2016–2017."

第6章　人的问题

1. Christian and Cabell, *Initial Investigation into the Psychoacoustic Properties of Small Unmanned Aerial System Noise.*

2. Martinez, "'Drone Slayer' Claims Victory in Court."

3. Vincent, "Twitter Taught Microsoft's AI Chatbot to Be a Racist Asshole in Less than a Day."

4. Plautz, "Hitchhiking Robot Decapitated in Philadelphia."

5. Unless otherwise indicated, quotes from Minsky in this section are taken from Minsky, "Web of Stories Interview."

6. Brand, *The Media Lab*; Levy, *Hackers.*

7. Dormehl, "Why John Sculley Doesn't Wear an Apple Watch (and Regrets Booting Steve Jobs)."

8. Lewis, "Rise of the Fembots"; LaFrance, "Why Do So Many Digital Assistants Have Feminine Names?"

9. Hillis, "Radioactive Skeleton in Marvin Minsky's Closet."

10. Alba, "Chicago Uber Driver Charged with Sexual Abuse of Passenger"; Fowler, "Reflecting on One Very, Very Strange Year at Uber"; Isaac, "How Uber Deceives the Authorities Worldwide."

11. Copeland, "Summing Up Alan Turing."

12. "The Leibniz Step Reckoner and Curta Calculators—CHM Revolution."

13. Kroeger, *The Suffragents*; Shetterly, *Hidden Figures*; Grier, *When Computers Were Human.*

14. Wolfram, "Farewell, Marvin Minsky (1927–2016)."

15. Alcor Life Extension Foundation, "Official Alcor Statement Concerning Marvin Minsky."

16. Brand, "We Are As Gods."

17. Turner, *From Counterculture to Cyberculture*.

18. Brand, "We Are As Gods."

19. Hafner, *The Well*.

20. Borsook, *Cyberselfish*, 15.

21. Barlow, "A Declaration of the Independence of Cyberspace."

22. Thiel, "The Education of a Libertarian."

23. Taplin, *Move Fast and Break Things*.

24. Slovic, *The Perception of Risk*; Slovic and Slovic, *Numbers and Nerves*; Kahan et al., "Culture and Identity-Protective Cognition."

25. Leslie et al., "Expectations of Brilliance Underlie Gender Distributions across Academic Disciplines," 262.

26. Bench et al., "Gender Gaps in Overestimation of Math Performance," 158. Also see Feltman, "Men (on the Internet) Don't Believe Sexism Is a Problem in Science, Even When They See Evidence"; Williams, "The 5 Biases Pushing Women Out of STEM"; Turban, Freeman, and Waber, "A Study Used Sensors to Show That Men and Women Are Treated Differently at Work"; Moss-Racusin, Molenda, and Cramer, "Can Evidence Impact Attitudes?"; Cohoon, Wu, and Chao, "Sexism: Toxic to Women's Persistence in CSE Doctoral Programs."

27. Natanson, "A Sort of Everyday Struggle."

第7章　机器学习：关于机器学习的深度学习

1. See https://xkcd.com/1425, and note that the hidden text on the online version of the comic refers to a famous anecdote about Marvin Minsky.

2. Solon, "Roomba Creator Responds to Reports of 'Poopocalypse.'"

3. Busch, "A Dozen Ways to Get Lost in Translation"; van Dalen, "The Algorithms behind the Headlines"; ACM Computing Curricula Task Force, *Computer Science Curricula 2013*.

4. IEEE Spectrum, "Tech Luminaries Address Singularity."

5. Gomes, "Facebook AI Director Yann LeCun on His Quest to Unleash Deep Learning and Make Machines Smarter."

6. "machine, *n.*"

7. Butterfield and Ngondi, *A Dictionary of Computer Science.*

8. Pedregosa et al., "Scikit-Learn: Machine Learning in Python."

9. Mitchell, "The Discipline of Machine Learning."

10. Neville-Neil, "The Chess Player Who Couldn't Pass the Salt."

11. Russell and Norvig, *Artificial Intelligence.*

12. O'Neil, *Weapons of Math Destruction.*

13. Grazian, *Mix It Up.*

14. Blow, *Fire Shut Up in My Bones.*

15. Tversky and Kahneman, "Availability." See also Kahneman, *Thinking, Fast and Slow*; Slovic, *The Perception of Risk*; Slovic and Slovic, *Numbers and Nerves*; Fischhoff and Kadvany, *Risk.*

16. See https://www.datacamp.com for more on the Titanic data science tutorial. I've omitted some parts of the tutorial for readability.

17. Quach, "Facebook Pulls Plug on Language-Inventing Chatbots?"

18. Angwin et al. "A World Apart."

19. Valentino-DeVries, Singer-Vine, and Soltani, "Websites Vary Prices, Deals Based on Users' Information."

20. Hannak et al., "Measuring Price Discrimination and Steering on E-Commerce Web Sites."

21. Heffernan, "Amazon's Prime Suspect."

22. Angwin, Mattu, and Larson, "Test Prep Is More Expensive—for Asian Students."

23. Brewster and Lynn, "Black-White Earnings Gap among Restaurant Servers."

24. Sharkey, "The Destructive Legacy of Housing Segregation."

25. Pasquale, *The Black Box Society.*

26. Lord, *A Night to Remember*; Brown, "Chronology—Sinking of S.S. TITANIC."

27. Halevy, Norvig, and Pereira, "The Unreasonable Effectiveness of Data," 8.

第8章　你不开车，车可不会自己走

1. "Robot Car 'Stanley' designed by Stanford Racing Team."

2. "Karel the Robot."

3. Pomerleau, "ALVINN, an Autonomous Land Vehicle in a Neural Network"; Hawkins, "Meet ALVINN, the Self-Driving Car from 1989."

4. Mundy, "Why Is Silicon Valley So Awful to Women?"

5. Oremus, "Terrifyingly Convenient."

6. DARPA Public Affairs, "Toward Machines That Improve with Experience."

7. National Highway Traffic Safety Administration and US Department of Transportation, "Federal Automated Vehicles Policy."

8. See Yoshida, "Nvidia Outpaces Intel in Robo-Car Race." Yoshida may be referring to a different standards document, in which Level 2 is equivalent to the Level 3 quoted here. Again: language and standards matter a great deal in engineering.

9. Liu et al., "CAAD: Computer Architecture for Autonomous Driving"; Thrun, "Making Cars Drive Themselves"; Thrun, "Winning the DARPA Grand Challenge."

10. See Singh, "Critical Reasons for Crashes Investigated in the National Motor Vehicle Crash Causation Survey." For more on special interest groups using statistics to construct or influence public opinion, see Best, *Damned Lies and Statistics*. Statistics are one of the ways we understand social problems, and they are often helpful in calling attention to social ills. For example, Mothers Against Drunk Driving used statistics to bring about change in drunk driving laws, which has led to greater public safety. Most people now agree that people shouldn't drive drunk. However, claiming that people shouldn't drive and machines should—that's different story.

11. Chafkin, "Udacity's Sebastian Thrun, Godfather of Free Online Education, Changes Course."

12. Marantz, "How 'Silicon Valley' Nails Silicon Valley."

13. Dougherty, "Google Photos Mistakenly Labels Black People 'Gorillas.'"

14. Evtimov et al., "Robust Physical-World Attacks on Deep Learning Models."

15. Hill, "Jamming GPS Signals Is Illegal, Dangerous, Cheap, and Easy."

16. See Harris, "God Is a Bot, and Anthony Levandowski Is His Messenger"; Marshall, "Uber Fired Its Robocar Guru, But Its Legal Fight with Google Goes On." Harris also writes that Levandowski founded a religious organization, Way of the Future, in an attempt to "develop and promote the realization of a Godhead based on Artificial Intelligence."

17. Vlasic and Boudette, "Self-Driving Tesla Was Involved in Fatal Crash, U.S. Says."

18. Tesla, Inc., "A Tragic Loss."

19. Lowy and Krisher, "Tesla Driver Killed in Crash While Using Car's 'Autopilot.'"

20. Liu et al., "CAAD: Computer Architecture for Autonomous Driving."

21. Sorrel, "Self-Driving Mercedes Will Be Programmed to Sacrifice Pedestrians to Save the Driver."

22. Taylor, "Self-Driving Mercedes-Benzes Will Prioritize Occupant Safety over Pedestrians."

23. Been, "Jaron Lanier Wants to Build a New Middle Class on Micropayments."

24. Pickrell and Li, "Driver Electronic Device Use in 2015."

25. Dadich, "Barack Obama Talks AI, Robo Cars, and the Future of the World."

第9章 受欢迎的不一定就是好的

1. Newman, "What Is an A-Hed?"

2. US Bureau of Labor Statistics, "Newspaper Publishers Lose over Half Their Employment from January 2001 to September 2016."

3. Pasquale, *The Black Box Society*; Gray, Bounegru, and Chambers, *The Data Journalism Handbook*; Diakopoulos, "Algorithmic Accountability"; Diakopoulos, "Accountability in Algorithmic Decision Making"; boyd and Crawford, "Critical Questions for Big Data"; Hamilton and Turner, "Accountability through Algorithm"; Cohen, Hamilton, and Turner, "Computational Journalism"; Houston, *Computer-Assisted Reporting*.

4. Angwin et al., "Machine Bias."

5. California Department of Corrections and Rehabilitation, "Fact Sheet."

6. Angwin and Larson, "Bias in Criminal Risk Scores Is Mathematically Inevitable, Researchers Say"; Kleinberg, Mullainathan, and Raghavan, "Inherent Trade-Offs in the Fair Determination of Risk Scores."

7. Bogost, "Why Nothing Works Anymore"; Brown and Duguid, *The Social Life of Information*.

8. Hempel, "Melinda Gates Has a New Mission."

9. Somerville and May, "Use of Illicit Drugs Becomes Part of Silicon Valley's Work Culture."

10. Alexander and West, *The New Jim Crow*.

11. Hern, "Silk Road Successor DarkMarket Rebrands as OpenBazaar."

12. Brown, "Nearly a Third of Millennials Have Used Venmo to Pay for Drugs."

13. Newman, "Who's Buying Drugs, Sex, and Booze on Venmo? This Site Will Tell You."

第10章　搭上创业巴士

1. "Jeremy Corbyn, Entrepreneur."

2. Terwiesch and Xu, "Innovation Contests, Open Innovation, and Multiagent Problem Solving."

3. Morais, "The Unfunniest Joke in Technology."

4. Tufte, *The Visual Display of Quantitative Information.*

5. Seife, *Proofiness*; Kovach and Rosenstiel, *Blur.*

第11章　第三次浪潮：人工智能

1. Broussard, "Artificial Intelligence for Investigative Reporting."

2. Mayer, *Dark Money*; Smith and Powell, *Dark Money, Super PACs, and the 2012 Election.*

3. Bump, "Donald Trump's Campaign Has Spent More on Hats than on Polling."

4. Donn, "Eric Trump Foundation Flouts Charity Standards."

5. Sheivachman, "Clinton vs. Trump."

6. Fletcher and Zuckerman, "Hedge Funds Battle Losses."

第12章　老化的计算机

1. Russell and Vinsel, "Let's Get Excited about Maintenance!"

2. Crawford, "Artificial Intelligence's White Guy Problem"; Crawford, "Artificial Intelligence—With Very Real Biases"; Campolo et al., "AI Now 2017 Report"; boyd and Crawford, "Critical Questions for Big Data."

3. boyd, Keller, and Tijerina, "Supporting Ethical Data Research"; Zook et al., "Ten Simple Rules for Responsible Big Data Research"; Elish and Hwang, "Praise the Machine! Punish the Human! The Contradictory History of Accountability in Automated Aviation."

4. Chen, "The Laborers Who Keep Dick Pics and Beheadings Out of Your Facebook Feed."

5. Fairness and Transparency in Machine Learning, "Principles for Accountable Algorithms and a Social Impact Statement for Algorithms."

6. Data Privacy Lab, "Mission Statement"; Sweeney, "Foundations of Privacy Protection from a Computer Science Perspective."

7. Pilhofer, "A Note to Users of DocumentCloud."

参考文献

ACM Computing Curricula Task Force, ed. *Computer Science Curricula 2013: Curriculum Guidelines for Undergraduate Degree Programs in Computer Science*. New York: ACM Press, 2013. http://dl.acm.org/citation.cfm?id=2534860.

Alba, Alejandro. "Chicago Uber Driver Charged with Sexual Abuse of Passenger." *New York Daily News*, December 30, 2014. http://www.nydailynews.com/news/crime/chicago-uber-driver-charged-alleged-rape-passenger-article-1.2060817.

Alcor Life Extension Foundation. "Official Alcor Statement Concerning Marvin Minsky." Alcor News, January 27, 2016.

Alexander, Michelle, and Cornel West. *The New Jim Crow: Mass Incarceration in the Age of Colorblindness*. Revised ed. New York: New Press, 2012.

Ames, Morgan G. "Translating Magic: The Charisma of One Laptop per Child's XO Laptop in Paraguay." In *Beyond Imported Magic: Essays on Science, Technology, and Society in Latin America*, edited by Eden Medina, Ivan da Costa Marques, and Christina Holmes, 207–224. Cambridge, MA: MIT Press, 2014.

Anderson, C. W. "Towards a Sociology of Computational and Algorithmic Journalism." *New Media & Society* 15, no. 7 (November 2013): 1005–1021. doi:10.1177/1461444812465137.

Angwin, Julia, and Jeff Larson. "Bias in Criminal Risk Scores Is Mathematically Inevitable, Researchers Say." *ProPublica*, December 30, 2016. https://www.propublica.org/article/bias-in-criminal-risk-scores-is-mathematically-inevitable-researchers-say.

Angwin, Julia, Jeff Larson, Lauren Kirchner, and Surya Mattu. "A World Apart; A Joint Investigation by Consumer Reports and ProPublica Finds That Consumers in Some Minority Neighborhoods Are Charged as Much as 30 Percent More on Average for Car Insurance than in Other Neighborhoods with Similar Accident-Related Costs. What's Really Going On?" *Consumer Reports*, July 1, 2017.

Angwin, Julia, Jeff Larson, Surya Mattu, and Lauren Kirchner. "Machine Bias." *ProPublica*, May 23, 2016. https://www.propublica.org/article/machine-bias-risk-assessments-in-criminal-sentencing.

Angwin, Julia, Surya Mattu, and Jeff Larson. "Test Prep Is More Expensive—for Asian Students." *Atlantic*, September 3, 2015. https://www.theatlantic.com/education/archive/2015/09/princeton-review-expensive-asian-students/403510/.

Arthur, Charles. "Analysing Data Is the Future for Journalists, Says Tim Berners-Lee." *Guardian* (US edition), November 22, 2010. https://www.theguardian.com/media/2010/nov/22/data-analysis-tim-berners-lee.

Barlow, John Perry. "A Declaration of the Independence of Cyberspace." Electronic Frontier Foundation, February 8, 1996. https://www.eff.org/cyberspace-independence.

Been, Eric Allen. "Jaron Lanier Wants to Build a New Middle Class on Micropayments." *Nieman Lab*, May 22, 2013. http://www.niemanlab.org/2013/05/jaronlanier-wants-to-build-a-new-middle-class-on-micropayments/.

Bench, Shane W., Heather C. Lench, Jeffrey Liew, Kathi Miner, and Sarah A. Flores. "Gender Gaps in Overestimation of Math Performance." *Sex Roles* 72, no. 11–12 (June 2015): 536–546. doi:10.1007/s11199-015-0486-9.

Best, Joel. *Damned Lies and Statistics: Untangling Numbers from the Media, Politicians, and Activists*. Updated ed. Berkeley, CA; London: University of California Press, 2012.

Blow, Charles M. *Fire Shut Up in My Bones: A Memoir*. New York: Houghton Mifflin, 2015.

Bogost, Ian. "Why Nothing Works Anymore." *Atlantic*, February 23, 2017. https://www.theatlantic.com/technology/archive/2017/02/the-singularity-in-the-toilet-stall/517551/.

Bonnington, Christina. "Tacocopter: The Coolest Airborne Taco Delivery System That's Completely Fake." *Wired*, March 23, 2012.

Borsook, Paulina. *Cyberselfish: A Critical Romp through the Terribly Libertarian Culture of High Tech*. 1st ed. New York: PublicAffairs, 2000.

boyd, danah, and Kate Crawford. "Critical Questions for Big Data: Provocations for a Cultural, Technological, and Scholarly Phenomenon." *Information Communication and Society* 15, no. 5 (June 2012): 662–679. doi:10.1080/1369118X.2012.678878.

boyd, danah, Emily F. Keller, and Bonnie Tijerina. "Supporting Ethical Data Research: An Exploratory Study of Emerging Issues in Big Data and Technical Research." Data & Society Research Institute, August 4, 2016.

Brand, Stewart. *The Media Lab: Inventing the Future at MIT*. New York: Viking, 1987.

Brand, Stewart. "We Are As Gods." *Whole Earth Catalog* (blog), Winter 1998. http://www.wholeearth.com/issue/1340/article/189/we.are.as.gods.

Brand, Stewart. "We Owe It All to the Hippies." *Time*, March 1, 1995. http://content. time.com/time/magazine/article/0,9171,982602,00.html.

Brewster, Zachary W., and Michael Lynn. "Black-White Earnings Gap among Restaurant Servers: A Replication, Extension, and Exploration of Consumer Racial Discrimination in Tipping." *Sociological Inquiry* 84, no. 4 (November 2014): 545–569. doi:10.1111/soin.12056.

Broussard, Meredith. "Artificial Intelligence for Investigative Reporting: Using an Expert System to Enhance Journalists' Ability to Discover Original Public Affairs Stories." *Digital Journalism* 3, no. 6 (November 28, 2014): 814–831. https://doi.org/10.1 080/21670811.2014.985497.

Broussard, Meredith. "Why E-books Are Banned in My Digital Journalism Class." *New Republic*, January 22, 2014. https://newrepublic.com/article/116309/data-journalim-professor-wont-assign-e-books-heres-why.

Broussard, Meredith. "Why Poor Schools Can't Win at Standardized Testing." *Atlantic*, July 15, 2014. http://www.theatlantic.com/features/archive/2014/07/why-poor-schools-cant-win-at-standardized-testing/374287/.

Brown, David G. "Chronology—Sinking of S.S. TITANIC." *Encyclopedia Titanica*. Last updated June 9, 2009. https://www.encyclopedia-titanica.org/articles/et_timeline. pdf.

Brown, John Seely, and Paul Duguid. *The Social Life of Information*. Updated, with a new preface. Boston: Harvard Business Review Press, 2017.

Brown, Mike. "Nearly a Third of Millennials Have Used Venmo to Pay for Drugs." *LendEDU.com* (blog), July 10, 2017. https://lendedu.com/blog/nearly-third-millennials-used-venmo-pay-drugs/.

Bump, Philip. "Donald Trump's Campaign Has Spent More on Hats than on Polling." *The Washington Post*, October 25, 2016. https://www.washingtonpost.com/news/the-fix/wp/2016/10/25/donald-trumps-campaign-has-spent-more-on-hats-than-on-polling.

Busch, Lawrence. "A Dozen Ways to Get Lost in Translation: Inherent Challenges in Large-Scale Data Sets." *International Journal of Communication* 8 (2014): 1727–1744.

Butterfield, A., and Gerard Ekembe Ngondi, eds. *A Dictionary of Computer Science*. 7th ed. Oxford Quick Reference. Oxford, UK; New York: Oxford University Press, 2016.

California Department of Corrections and Rehabilitation. "Fact Sheet: COMPAS Assessment Tool Launched—Evidence-Based Rehabilitation for Offender Success," April 15, 2009. http://www.cdcr.ca.gov/rehabilitation/docs/FS_COMPAS_Final_4-15-09.pdf.

Campolo, Alex, Madelyn Sanfilippo, Meredith Whittaker, Kate Crawford, Andrew Selbst, and Solon Barocas. "AI Now 2017 Report." AI Now Institute, New York University, October 18, 2017. https://assets.contentful.com/8wprhhvnpfc0/1A9c3ZTCZ a2KEYM64Wsc2a/8636557c5fb14f2b74b2be64c3ce0c78/_AI_Now_Institute_2017_ Report_.pdf.

Cerulo, Karen A. *Never Saw It Coming: Cultural Challenges to Envisioning the Worst.* Chicago: University of Chicago Press, 2006.

Chafkin, Max. "Udacity's Sebastian Thrun, Godfather of Free Online Education, Changes Course." *Fast Company*, November 14, 2013. https://www.fastcompany. com/3021473/udacity-sebastian-thrun-uphill-climb.

Chen, Adrian. "The Laborers Who Keep Dick Pics and Beheadings Out of Your Facebook Feed."*Wired*, October 23, 2014. https://www.wired.com/2014/10/content-moderation/.

Christian, Andrew, and Randolph Cabell. *Initial Investigation into the Psychoacoustic Properties of Small Unmanned Aerial System Noise.* Hampton, VA: NASA Langley Research Center, American Institute of Aeronautics and Astronautics, 2017. https:// ntrs.nasa.gov/archive/nasa/casi.ntrs.nasa.gov/20170005870.pdf.

Cohen, Sarah, James T. Hamilton, and Fred Turner. "Computational Journalism." *Communications of the ACM* 54, no. 10 (October 1, 2011): 66. doi:10.1145/2001269. 2001288.

Cohoon, J. McGrath, Zhen Wu, and Jie Chao. "Sexism: Toxic to Women's Persis-tence in CSE Doctoral Programs," 158. New York: ACM Press, 2009. https://doi. org/10.1145/1508865.1508924.

Copeland, Jack. "Summing Up Alan Turing." *Oxford University Press* (blog), Novem-ber 29, 2012. https://blog.oup.com/2012/11/summing-up-alan-turing/.

Cox, Amanda, Matthew Bloch, and Shan Carter. "All of Inflation's Little Parts." *New York Times*, May 3, 2008. http://www.nytimes.com/interactive/2008/05/03/business/ 20080403_SPENDING_GRAPHIC.html.

Crawford, Kate. "Artificial Intelligence—With Very Real Biases." *Wall Street Journal*, October 17, 2017. https://www.wsj.com/articles/artificial-intelligencewith-very-real-biases-1508252717.

Crawford, Kate. "Artificial Intelligence's White Guy Problem." *New York Times*, June 26, 2016. https://www.nytimes.com/2016/06/26/opinion/sunday/artificial-intelligences-white-guy-problem.html.

Dadich, Scott. "Barack Obama Talks AI, Robo Cars, and the Future of the World." *Wired*, November 2016. https://www.wired.com/2016/10/president-obama-mit-joi-ito-interview/.

Daniel, Anna, and Terry Flew. "The Guardian Reportage of the UK MP Expenses Scandal: A Case Study of Computational Journalism." In *Communications Policy and Research Forum 2010*, November 15–16, 2010. https://www.researchgate.net/publication/279424256_The_Guardian_Reportage_of_the_UK_MP_Expenses_Scandal_A_Case_Study_of_Computational_Journalism.

DARPA Public Affairs. "Toward Machines That Improve with Experience," March 16, 2017. https://www.darpa.mil/news-events/2017-03-16.

Data Privacy Lab. "Mission Statement," n.d. https://dataprivacylab.org/about.html.

Diakopoulos, Nicholas. "Accountability in Algorithmic Decision Making." *Communications of the ACM* 59, no. 2 (January 25, 2016): 56–62. doi:10.1145/2844110.

Diakopoulos, Nicholas. "Algorithmic Accountability: Journalistic Investigation of Computational Power Structures." *Digital Journalism* 3, no. 3 (November 7, 2014) 398–415. https://doi.org/10.1080/21670811.2014.976411.

Donn, Jeff. "Eric Trump Foundation Flouts Charity Standards." *AP News*, December 23, 2016. https://apnews.com/760b4159000b4a1cb1901cb038021cea.

Dormehl, Luke. "Why John Sculley Doesn't Wear an Apple Watch (and Regrets Booting Steve Jobs)." *Cult of Mac*, February 19, 2016. https://www.cultofmac.com/413044/john-sculley-apple-watch-steve-jobs/.

Dougherty, Conor. "Google Photos Mistakenly Labels Black People 'Gorillas.'" *New York Times*, July 1, 2015. https://bits.blogs.nytimes.com/2015/07/01/google-photos-mistakenly-labels-black-people-gorillas/.

Dreyfus, Hubert L. *What Computers Still Can't Do: A Critique of Artificial Reason.* Cambridge, MA: MIT Press, 1992.

Duncan, Arne. "Robust Data Gives Us the Roadmap to Reform." Paper presented at the Fourth Annual IES Research Conference, June 8, 2009. https://www.ed.gov/news/speeches/robust-data-gives-us-roadmap-reform.

Elish, Madeleine, and Tim Hwang. "Praise the Machine! Punish the Human! The Contradictory History of Accountability in Automated Aviation." Comparative Studies in Intelligent Systems—Working Paper #1. Intelligence and Autonomy Initiative: Data & Society Research Institute, February 24, 2015. https://datasociety.net/pubs/ia/Elish-Hwang_AccountabilityAutomatedAviation.pdf.

Evtimov, Ivan, Kevin Eykholt, Earlence Fernandes, Tadayoshi Kohno, Bo Li, Atul Prakash, Amir Rahmati, and Dawn Song. "Robust Physical-World Attacks on Deep Learning Models." In *arXiv Preprint 1707.08945*, 2017.

Fairness and Transparency in Machine Learning. "Principles for Accountable Algorithms and a Social Impact Statement for Algorithms," n.d. https://www.fatml.org/resources/principles-for-accountable-algorithms.

Feltman, Rachel. "Men (on the Internet) Don't Believe Sexism Is a Problem in Science, Even When They See Evidence," January 8, 2015.

Fischhoff, Baruch, and John Kadvany. *Risk: A Very Short Introduction.* Oxford: Oxford University Press, 2011.

Fletcher, Laurence, and Gregory Zuckerman. "Hedge Funds Battle Losses," 2016. http://ezproxy.library.nyu.edu:2048/login?url=http://search.proquest.com/docview/1811735200?accountid=12768.

Flew, Terry, Christina Spurgeon, Anna Daniel, and Adam Swift. "The Promise of Computational Journalism." *Journalism Practice* 6, no. 2 (April 2012): 157–171. doi:10.1080/17512786.2011.616655.

Fowler, Susan J. "Reflecting on One Very, Very Strange Year at Uber." *Susan Fowler* (blog), February 19, 2017. https://www.susanjfowler.com/blog/2017/2/19/reflecting-on-one-very-strange-year-at-uber.

Gomes, Lee. "Facebook AI Director Yann LeCun on His Quest to Unleash Deep Learning and Make Machines Smarter." *IEEE Spectrum* (blog), February 18, 2015. http://spectrum.ieee.org/automaton/robotics/artificial-intelligence/facebook-ai-director-yann-lecun-on-deep-learning.

Gray, Jonathan, Liliana Bounegru, and Lucy Chambers, eds. *The Data Journalism Handbook: How Journalists Can Use Data to Improve the News.* Sebastopol, CA: O'Reilly Media, 2012.

Grazian, David. *Mix It Up: Popular Culture, Mass Media, and Society.* 2nd ed. New York: W. W. Norton, 2017.

Grier, David Alan. *When Computers Were Human.* Princeton, NJ: Princeton University Press, 2007.

Hafner, Katie. *The Well: A Story of Love, Death, and Real Life in the Seminal Online Community.* New York: Carroll & Graf, 2001.

Halevy, Alon, Peter Norvig, and Fernando Pereira. "The Unreasonable Effectiveness of Data." *IEEE Intelligent Systems* 24, no. 2 (March 2009): 8–12. https://doi.org/10.1109/MIS.2009.36.

Hamilton, James. 2016. *Democracy's Detectives: The Economics of Investigative Journalism.* Cambridge, MA: Harvard University Press.

Hamilton, James T., and Fred Turner. "Accountability through Algorithm: Developing the Field of Computational Journalism." Paper presented at the Center for Advanced Study in the Behavioral Sciences Summer Workshop, July 2009. http://web.stanford.edu/~fturner/Hamilton%20Turner%20Acc%20by%20Alg%20Final.pdf.

Hannak, Aniko, Gary Soeller, David Lazer, Alan Mislove, and Christo Wilson. "Measuring Price Discrimination and Steering on E-Commerce Web Sites." In *Proceedings of the 2014 Internet Measurement Conference*, 305–318. New York: ACM Press, 2014. doi:10.1145/2663716.2663744.

Harris, Mark. "God Is a Bot, and Anthony Levandowski Is His Messenger." *Wired*, September 27, 2017.https://www.wired.com/story/god-is-a-bot-and-anthony-levandowski-is-his-messenger/.

Hart, Ariel, Danny Robbins, and Carrie Teegardin. "How the Doctors & Sex Abuse Project Came About." *Atlanta Journal-Constitution*, July 6, 2016. http://doctors.ajc.com/about_this_investigation/.

Hawkins, Andrew J. "Meet ALVINN, the Self-Driving Car from 1989." *The Verge*, November 27, 2016. http://www.theverge.com/2016/11/27/13752344/alvinn-self-driving-car-1989-cmu-navlab.

Heffernan, Virginia. "Amazon's Prime Suspect." *New York Times*, August 6, 2010. http://www.nytimes.com/2010/08/08/magazine/08FOB-medium-t.html.

Hempel, Jessi. "Melinda Gates Has a New Mission: Women in Tech." *Wired*, Backchannel, September 28, 2016. https://backchannel.com/melinda-gates-has-a-new-mission-women-in-tech-8eb706d0a903.

Hern, Alex. "Silk Road Successor DarkMarket Rebrands as OpenBazaar." *The Guardian*, April 30, 2014. https://www.theguardian.com/technology/2014/apr/30/silk-road-darkmarket-openbazaar-online-drugs-marketplace.

Hill, Kashmir. "Jamming GPS Signals Is Illegal, Dangerous, Cheap, and Easy." *Gizmodo*, July 24, 2017.https://gizmodo.com/jamming-gps-signals-is-illegal-dangerous-cheap-and-e-1796778955.

Hillis, W. Daniel. "Radioactive Skeleton in Marvin Minsky's Closet." Paper presented at the Web of Stories, n.d. https://webofstories.com/play/danny.hillis/174.

Holovaty, Adrian. "A Fundamental Way Newspaper Sites Need to Change." Holovaty.com, September 6, 2006. http://www.holovaty.com/writing/fundamental-change/.

Holovaty, Adrian. "In Memory of Chicagocrime.org." Holovaty.com, January 31, 2008. http://www.holovaty.com/writing/chicagocrime.org-tribute/.

Houston, Brant. *Computer-Assisted Reporting: A Practical Guide*. 4th ed. New York: Routledge, 2015.

Houston, Brant, and Investigative Reporters and Editors, Inc., eds. *The Investigative Reporter's Handbook: A Guide to Documents, Databases, and Techniques*. 5th ed. Boston: Bedford/St. Martin's, 2009.

IEEE Spectrum. "Tech Luminaries Address Singularity." *IEEE Spectrum*, June 1, 2008. http://spectrum.ieee.org/computing/hardware/tech-luminaries-address-singularity.

Isaac, Mike. "How Uber Deceives the Authorities Worldwide." *New York Times*, March 3, 2017. https://www.nytimes.com/2017/03/03/technology/uber-greyball-program-evade-authorities.html.

"Jeremy Corbyn, Entrepreneur." *Economist*, June 15, 2017. http://www.economist.com/news/britain/21723426-labours-leader-has-disrupted-business-politics-jeremy-corbyn-entrepreneur.

Kahan, Dan M., Donald Braman, John Gastil, Paul Slovic, and C. K. Mertz. "Culture and Identity-Protective Cognition: Explaining the White-Male Effect in Risk Perception." *Journal of Empirical Legal Studies* 4, no. 3 (November 2007): 465–505.

Kahneman, Daniel. *Thinking, Fast and Slow*. New York: Farrar, Straus and Giroux, 2013.

"Karel the Robot: Fundamentals." Middle Tennessee State University, n.d. Accessed April 14, 2017. https://cs.mtsu.edu/~untch/karel/fundamentals.html.

Keim, Brandon. "Why the Smart Reading Device of the Future May Be … Paper." *Wired*, May 1, 2014. https://www.wired.com/2014/05/reading-on-screen-versus-paper/.

Kestin, Sally, and John Maines. "Cops Hitting the Brakes—New Data Show Excessive Speeding Dropped 84% since Investigation." *Sun Sentinel* (Fort Lauderdale, FL), December 30, 2012.

Kleinberg, J., S. Mullainathan, and M. Raghavan. "Inherent Trade-Offs in the Fair Determination of Risk Scores." *ArXiv E-Prints*, September 2016.

Kovach, Bill, and Tom Rosenstiel. *Blur: How to Know What's True in the Age of Information Overload*. New York: Bloomsbury, 2011.

Kraemer, Kenneth L., Jason Dedrick, and Prakul Sharma. "One Laptop per Child: Vision vs. Reality." *Communications of the ACM* 52, no. 6 (June 1, 2009): 66. doi:10.1145/1516046.1516063.

Kroeger, Brooke. 2017. *The Suffragents: How Women Used Men to Get the Vote*. Albany: State University of New York Press.

Kunerth, Jeff. "Any Way You Look at It, Florida Is the State of Weird." *Orlando Sentinel*, June 13, 2013. http://articles.orlandosentinel.com/2013-06-13/features/os-florida-is-weird-20130613_1_florida-state-weird-florida-central-florida-lakes.

LaFrance, Adrienne. 2016. Why Do So Many Digital Assistants Have Feminine Names? *Atlantic*, March 30, 2016. https://www.theatlantic.com/technology/archive/2016/03/why-do-so-many-digital-assistants-have-feminine-names/475884/.

Lane, Charles. "What the AP U.S. History Fight in Colorado Is Really About." *Washington Post*, November 6, 2014. https://www.washingtonpost.com/blogs/post-partisan/wp/2014/11/06/what-the-ap-u-s-history-fight-in-colorado-is-really-about.

"The Leibniz Step Reckoner and Curta Calculators." Computer History Museum, n.d. Accessed April 14, 2017. http://www.computerhistory.org/revolution/calculators/1/49.

Leslie, S.-J., A. Cimpian, M. Meyer, and E. Freeland. "Expectations of Brilliance Underlie Gender Distributions across Academic Disciplines." *Science* 347, no. 6219 (January 16, 2015): 262–265. doi:10.1126/science.1261375.

Lewis, Seth C. "Journalism in an Era of Big Data: Cases, Concepts, and Critiques." *Digital Journalism* 3, no. 3 (November 27, 2014): 321–330. https://doi.org/10.1080/21670811.2014.976399.

Lewis, Tanya. "Rise of the Fembots: Why Artificial Intelligence Is Often Female." *LiveScience*, February 19, 2015.

Levy, Steven. 2010. *Hackers*. 1st ed. Sebastopol, CA: O'Reilly Media.

Liu, Shaoshan, Jie Tang, Zhe Zhang, and Jean-Luc Gaudiot. "CAAD: Computer Architecture for Autonomous Driving." *CoRR* abs/1702.01894 (February 7, 2017). http://arxiv.org/abs/1702.01894.

Lord, Walter. *A Night to Remember*. New York: Henry, Holt, and Co., 2005.

Lowy, Joan, and Tom Krisher. "Tesla Driver Killed in Crash While Using Car's 'Auto-pilot.'" *Associated Press*, June 30, 2016. http://www.bigstory.ap.org/article/ee71bd075fb948308727b4bbff7b3ad8/self-driving-car-driver-died-after-crash-florida-first.

"machine, *n.*" *OED Online*, Oxford University Press. Last updated March 2000. http://www.oed.com/view/Entry/111850.

Marantz, Andrew. "How 'Silicon Valley' Nails Silicon Valley." *New Yorker*, June 9, 2016. http://www.newyorker.com/culture/culture-desk/how-silicon-valley-nails-silicon-valley.

Marshall, Aarian. "Uber Fired Its Robocar Guru, But Its Legal Fight with Google Goes On." *Wired*, May 30, 2017. https://www.wired.com/2017/05/uber-fires-anthony-levandowski-waymo-google-lawsuit/.

Martinez, Natalia. "'Drone Slayer' Claims Victory in Court." *WAVE 3 News*, October 26, 2015. http://www.wave3.com/story/30355558/drone-slayer-claims-victory-in-court.

Mayer, Jane. *Dark Money: The Hidden History of the Billionaires behind the Rise of the Radical Right*. New York: Doubleday, 2016.

Meyer, Philip. *Precision Journalism: A Reporter's Introduction to Social Science Methods*. 4th ed. Lanham, MD: Rowman & Littlefield Publishers, 2002.

Miner, Adam S., Arnold Milstein, Stephen Schueller, Roshini Hegde, Christina Mangurian, and Eleni Linos. "Smartphone-Based Conversational Agents and Responses to Questions about Mental Health, Interpersonal Violence, and Physical Health." *JAMA Internal Medicine* 176, no. 5 (May 1, 2016): 619. doi:10.1001/jamainternmed. 2016.0400.

Minsky, Marvin. "Web of Stories Interview: Marvin Minsky." Web of Stories, January 29, 2011. https://www.webofstories.com/play/marvin.minsky/1.

Mitchell, Tom M. "The Discipline of Machine Learning." Pittsburgh, PA: School of Computer Science, Carnegie Mellon University, July 2006. http://reports-archive. adm.cs.cmu.edu/anon/ml/abstracts/06-108.html.

Morais, Betsy. "The Unfunniest Joke in Technology." *New Yorker*, September 9, 2013. https://www.newyorker.com/tech/elements/the-unfunniest-joke-in-technology.

Morineau, Thierry, Caroline Blanche, Laurence Tobin, and Nicolas Guéguen. "The Emergence of the Contextual Role of the E-book in Cognitive Processes through an Ecological and Functional Analysis." *International Journal of Human-Computer Studies* 62, no. 3 (March 2005): 329–348. doi:10.1016/j.ijhcs.2004.10.002.

Moss-Racusin, Corinne A., Aneta K. Molenda, and Charlotte R. Cramer. "Can Evidence Impact Attitudes? Public Reactions to Evidence of Gender Bias in STEM Fields." *Psychology of Women Quarterly* 39 (2) (June 2015): 194–209. https://doi. org/10.1177/0361684314565777.

Mundy, Liza. "Why Is Silicon Valley So Awful to Women?" *The Atlantic*, April 2017. https://www.theatlantic.com/magazine/archive/2017/04/why-is-silicon-valley-so-awful-to-women/517788/.

Natanson, Hannah. "A Sort of Everyday Struggle." *The Harvard Crimson*, October 20, 2017. https://www.thecrimson.com/article/2017/10/20/everyday-struggle-women-math/.

National Highway Traffic Safety Administration and US Department of Transportation. "Federal Automated Vehicles Policy: Accelerating the Next Revolution in Roadway Safety," September 2016.

Neville-Neil, George V. "The Chess Player Who Couldn't Pass the Salt." *Communications of the ACM* 60, no. 4 (March 24, 2017): 24–25. doi:10.1145/3055277.

Newman, Barry. "What Is an A-Hed?" *Wall Street Journal*, November 15, 2010. https://www.wsj.com/articles/SB10001424052702303362404575580494180594982.

Newman, Lily Hay. "Who's Buying Drugs, Sex, and Booze on Venmo? This Site Will Tell You." *Future Tense: The Citizen's Guide to the Future*, February 23, 2015. http://

www.slate.com/blogs/future_tense/2015/02/23/vicemo_shows_venmo_transac
tions_related_to_drugs_alcohol_and_sex.html.

Noyes, Jan M., and Kate J. Garland. "VDT versus Paper-Based Text: Reply to Mayes, Sims and Koonce." *International Journal of Industrial Ergonomics* 31, no. 6 (June 2003): 411–423. doi:10.1016/S0169-8141(03)00027-1.

Noyes, Jan M., and Kate J. Garland. "Computer- vs. Paper-Based Tasks: Are They Equivalent?" *Ergonomics* 51, no. 9 (September 2008): 1352–1375. doi:10.1080/00140130802170387.

O'Neil, Cathy. *Weapons of Math Destruction: How Big Data Increases Inequality and Threatens Democracy*. 1st ed. New York: Crown Publishers, 2016.

Oremus, Will. "Terrifyingly Convenient." *Slate*, April 3, 2016. http://www.slate.com/articles/technology/cover_story/2016/04/alexa_cortana_and_siri_aren_t_novelties_anymore_they_re_our_terrifyingly.html.

Pasquale, Frank. *The Black Box Society: The Secret Algorithms That Control Money and Information*. Cambridge, MA: Harvard University Press, 2015.

Pedregosa, F., G. Varoquaux, A. Gramfort, V. Michel, B. Thirion, O. Grisel, M. Blondel, et al. "Scikit-Learn: Machine Learning in Python." *Journal of Machine Learning Research* 12 (2011): 2825–2830.

Pickrell, Timothy M., and Hongying (Ruby) Li. "Driver Electronic Device Use in 2015." Traffic Safety Facts Research Note. Washington, DC: National Highway Traffic Safety Administration, September 2016. https://www.nhtsa.gov/sites/nhtsa.dot.gov/files/documents/driver_electronic_device_use_in_2015_0.pdf.

Pierson, E., C. Simoiu, J. Overgoor, S. Corbett-Davies, V. Ramachandran, C. Phillips, and S. Goel. "A Large-Scale Analysis of Racial Disparities in Police Stops across the United States." Stanford Open Policing Project. Stanford University, 2017. https://5harad.com/papers/traffic-stops.pdf.

Pilhofer, Aron. "A Note to Users of DocumentCloud." Medium, July 27, 2017. https://medium.com/@pilhofer/a-note-to-users-of-documentcloud-org-2641774661bb.

Plautz, Jessica. "Hitchhiking Robot Decapitated in Philadelphia." *Mashable*, August 1, 2015. http://mashable.com/2015/08/01/hitchbot-destroyed.

Pomerleau, Dean A. "ALVINN, an Autonomous Land Vehicle in a Neural Network." Carnegie Mellon University, 1989. http://repository.cmu.edu/cgi/viewcontent.cgi?article=2874&context=compsci.

Purington, David. "One Laptop per Child: A Misdirection of Humanitarian Effort." *ACM SIGCAS Computers and Society* 40, no. 1 (March 1, 2010): 28–33. doi:10.1145/1750888.1750892.

Quach, Katyanna. "Facebook Pulls Plug on Language-Inventing Chatbots? The Truth." *Register*, August 1, 2017. https://www.theregister.co.uk/2017/08/01/facebook_chatbots_did_not_invent_new_language.

"Robot Car 'Stanley' Designed by Stanford Racing Team." Stanford Racing Team, 2005. http://cs.stanford.edu/group/roadrunner/stanley.html.

Royal, Cindy. "The Journalist as Programmer: A Case Study of the *New York Times* Interactive News Technology Department." University of Texas at Austin, April 2010. http://www.cindyroyal.com/present/royal_isoj10.pdf.

Russell, Andrew, and Lee Vinsel. "Let's Get Excited about Maintenance!" *New York Times*, July 22, 2017. https://mobile.nytimes.com/2017/07/22/opinion/sunday/lets-get-excited-about-maintenance.html.

Russell, Stuart J., and Peter Norvig. *Artificial Intelligence: A Modern Approach*. 3rd ed. Harlow, UK: Pearson, 2016.

School District of Philadelphia. "Budget Adoption Fiscal Year 2016–2017." May 26, 2016. http://webgui.phila.k12.pa.us/uploads/jq/BX/jqBX-vKcX2GM7Nbrpgqwzg/FY17-Budget-Adoption_FINAL_5.26.16.pdf.

Schudson, Michael. "Four Approaches to the Sociology of News." In *Mass Media and Society*, 4th ed., edited by James Curran and Michael Gurevitch, 172–197. London: Hodder Arnold, 2005.

"Scientists Propose a Novel Regional Path Tracking Scheme for Autonomous Ground Vehicles." Phys Org, January 16, 2017. https://phys.org/news/2017-01-scientists-regional-path-tracking-scheme.html.

Searle, John R. "Artificial Intelligence and the Chinese Room: An Exchange." *New York Review of Books*, February 16, 1989. http://www.nybooks.com/articles/1989/02/16/artificial-intelligence-and-the-chinese-room-an-ex/.

Seife, Charles. *Proofiness: How You're Being Fooled by the Numbers*. New York: Penguin, 2011.

Sharkey, Patrick. "The Destructive Legacy of Housing Segregation." *Atlantic*, June 2016. https://www.theatlantic.com/magazine/archive/2016/06/the-eviction-curse/480738/.

Sheivachman, Andrew. "Clinton vs. Trump: Where Presidential Candidates Spend Their Travel Dollars." *Skift*, October 4, 2016. https://skift.com/2016/10/04/clinton-vs-trump-where-presidential-candidates-spend-their-travel-dollars/.

Shetterly, Margot Lee. *Hidden Figures: The American Dream and the Untold Story of the Black Women Mathematicians Who Helped Win the Space Race*. New York: HarperCollins, 2016.

Silver, David, Aja Huang, Chris J. Maddison, Arthur Guez, Laurent Sifre, George van den Driessche, Julian Schrittwieser, et al. "Mastering the Game of Go with Deep Neural Networks and Tree Search." *Nature* 529 (January 28, 2016): 484–489. doi:10.1038/nature16961.

Silver, Nate. *The Signal and the Noise: Why so Many Predictions Fail—but Some Don't.* New York: Penguin Books, 2015.

Singh, Santokh. "Critical Reasons for Crashes Investigated in the National Motor Vehicle Crash Causation Survey." Traffic Safety Facts Crash Stats. Washington, DC: Bowhead Systems Management, Inc., working under contract with the Mathematical Analysis Division of the National Center for Statistics and Analysis, NHTSA, February 2015. https://crashstats.nhtsa.dot.gov/Api/Public/ViewPublication/812115.

Slovic, Paul. *The Perception of Risk*. Risk, Society, and Policy Series. Sterling, VA: Earthscan Publications, 2000.

Slovic, S., and P. Slovic, eds. *Numbers and Nerves: Information, Emotion, and Meaning in a World of Data*. Corvallis: Oregon State University Press, 2015.

Smith, Melissa M., and Larry Powell. *Dark Money, Super PACs, and the 2012 Election. Lexington Studies in Political Communication*. Lanham, MD: Lexington Books, 2013.

Solon, Olivia. "Roomba Creator Responds to Reports of 'Poopocalypse': 'We See This a Lot.'" *Guardian* (US edition), August 15, 2016. https://www.theguardian.com/technology/2016/aug/15/roomba-robot-vacuum-poopocalypse-facebook-post.

Somerville, Heather, and Patrick May. "Use of Illicit Drugs Becomes Part of Silicon Valley's Work Culture." *San Jose Mercury News*, July 25, 2014. http://www.mercurynews.com/2014/07/25/use-of-illicit-drugs-becomes-part-of-silicon-valleys-work-culture/.

Sorrel, Charlie. "Self-Driving Mercedes Will Be Programmed to Sacrifice Pedestrians to Save the Driver."October 13, 2016. https://www.fastcompany.com/3064539/self-driving-mercedes-will-be-programmed-to-sacrifice-pedestrians-to-save-the-driver.

Sweeney, Latanya. "Foundations of Privacy Protection from a Computer Science Perspective." Carnegie Mellon University, 2000. http://repository.cmu.edu/isr/245/.

Taplin, Jonathan. *Move Fast and Break Things: How Facebook, Google, and Amazon Cornered Culture and Undermined Democracy*. New York: Little, Brown and Co., 2017.

Taylor, Michael. "Self-Driving Mercedes-Benzes Will Prioritize Occupant Safety over Pedestrians." *Car and Driver* (blog), October 7, 2016. https://blog.caranddriver.com/self-driving-mercedes-will-prioritize-occupant-safety-over-pedestrians/.

Terwiesch, Christian, and Yi Xu. "Innovation Contests, Open Innovation, and Multiagent Problem Solving." *Management Science* 54, no. 9 (September 2008): 1529–1543. doi:10.1287/mnsc.1080.0884.

Tesla, Inc. "A Tragic Loss," June 30, 2016. https://www.tesla.com/blog/tragic-loss.

Thiel, Peter. "The Education of a Libertarian." *Cato Unbound* (blog), April 13, 2009. https://www.cato-unbound.org/2009/04/13/peter-thiel/education-libertarian.

Thrun, S. "Winning the DARPA Grand Challenge: A Robot Race through the Mojave Desert," 11. IEEE, 2006. https://doi.org/10.1109/ASE.2006.74.

Thrun, Sebastian. "Making Cars Drive Themselves," 1–86. IEEE, 2008. https://doi.org/10.1109/HOTCHIPS.2008.7476533.

Tufte, Edward R. 2001. *The Visual Display of Quantitative Information.* 2nd ed. Cheshire, CT: Graphics Press.

Turban, Stephen, Laura Freeman, and Ben Waber. "A Study Used Sensors to Show That Men and Women Are Treated Differently at Work." *Harvard Business Review*, October 23, 2017. https://hbr.org/2017/10/a-study-used-sensors-to-show-that-men-and-women-are-treated-differently-at-work.

Turing, A. M. "Computing Machinery and Intelligence." *Mind* 59, no. 236 (1950): 433–460.

Turner, Fred. *From Counterculture to Cyberculture: Stewart Brand, the Whole Earth Network, and the Rise of Digital Utopianism.* Chicago: University of Chicago Press, 2008.

Tversky, Amos, and Daniel Kahneman. "Availability: A Heuristic for Judging Frequency and Probability." *Cognitive Psychology* 5, no. 2 (September 1973): 207–232. doi:10.1016/0010-0285(73)90033-9.

US Bureau of Labor Statistics. "Newspaper Publishers Lose over Half Their Employment from January 2001 to September 2016." TED: The Economics Daily, April 3, 2017. https://www.bls.gov/opub/ted/2017/newspaper-publishers-lose-over-half-their-employment-from-january-2001-to-september-2016.htm.

Usher, Nikki. *Interactive Journalism: Hackers, Data, and Code.* Urbana: University of Illinois Press, 2016.

Valentino-DeVries, Jennifer, Jeremy Singer-Vine, and Ashkan Soltani. "Websites Vary Prices, Deals Based on Users' Information." *Wall Street Journal*, December 24, 2012. https://www.wsj.com/articles/SB10001424127887323777204578189391813881534.

van Dalen, Arjen. "The Algorithms behind the Headlines: How Machine-Written News Redefines the Core Skills of Human Journalists." *Journalism Practice* 6, no. 5–6 (October 2012): 648–658. doi:10.1080/17512786.2012.667268.

Vincent, James. "Twitter Taught Microsoft's AI Chatbot to Be a Racist Asshole in Less than a Day." *The Verge*, March 24, 2016. https://www.theverge.com/2016/3/24/11297050/tay-microsoft-chatbot-racist.

Vlasic, Bill, and Neal E. Boudette. "Self-Driving Tesla Was Involved in Fatal Crash, U.S. Says." *New York Times*, June 30, 2016. https://www.nytimes.com/2016/07/01/business/self-driving-tesla-fatal-crash-investigation.html.

Waite, Matt. "Announcing Politifact." *MattWaite.com* (blog), August 22, 2007. http://www.mattwaite.com/posts/2007/aug/22/announcing-politifact/.

Wästlund, Erik, Henrik Reinikka, Torsten Norlander, and Trevor Archer. "Effects of VDT and Paper Presentation on Consumption and Production of Information: Psychological and Physiological Factors." *Computers in Human Behavior* 21, no. 2 (March 2005): 377–394. doi:10.1016/j.chb.2004.02.007.

Weizenbaum, Joseph. "Eliza," n.d. http://www.atariarchives.org/bigcomputergames/showpage.php?page=23.

Williams, Joan C. "The 5 Biases Pushing Women Out of STEM." *Harvard Business Review*, March 24, 2015. https://hbr.org/2015/03/the-5-biases-pushing-women-out-of-stem.

Wolfram, Stephen. "Farewell, Marvin Minsky (1927–2016)." *Stephen Wolfram* (blog), January 26, 2016. http://blog.stephenwolfram.com/2016/01/farewell-marvin-minsky-19272016/.

Yoshida, Junko. "Nvidia Outpaces Intel in Robo-Car Race." *EE Times*, October 11, 2017. https://www.eetimes.com/document.asp?doc_id=1332425.

Zook, Matthew, Solon Barocas, danah boyd, Kate Crawford, Emily Keller, Seeta Peña Gangadharan, Alyssa Goodman, et al. "Ten Simple Rules for Responsible Big Data Research." Edited by Fran Lewitter. *PLOS Computational Biology* 13, no. 3 (March 30, 2017): e1005399. https://doi.org/10.1371/journal.pcbi.1005399.

见识丛书

科学 历史 思想

……后续新品，敬请关注……